二级建造师
必刷题

法规

环球网校建造师考试研究院　组编

图书在版编目(CIP)数据

二级建造师必刷题. 法规 / 环球网校建造师考试研究院组编. —上海：立信会计出版社，2023.9(2024.1重印)

ISBN 978-7-5429-7435-8

Ⅰ.①二… Ⅱ.①环… Ⅲ.①建筑法—中国—资格考试—习题集 Ⅳ.①TU-44

中国国家版本馆 CIP 数据核字(2023)第 174922 号

责任编辑　毕芸芸

二级建造师必刷题. 法规

Erji Jianzaoshi Bishuati. Fagui

出版发行	立信会计出版社			
地　　址	上海市中山西路 2230 号	邮政编码	200235	
电　　话	(021)64411389	传　　真	(021)64411325	
网　　址	www.lixinaph.com	电子邮箱	lixinaph2019@126.com	
网上书店	http://lixin.jd.com		http://lxkjcbs.tmall.com	
经　　销	各地新华书店			
印　　刷	三河市中晟雅豪印务有限公司			
开　　本	787 毫米×1092 毫米	1 / 16		
印　　张	6			
字　　数	142 千字			
版　　次	2023 年 9 月第 1 版			
印　　次	2024 年 1 月第 2 次			
书　　号	ISBN 978-7-5429-7435-8/T			
定　　价	29.00 元			

如有印订差错，请与本社联系调换

前言

本套必刷题，全面涵盖二级建造师执业资格考试的重要考点和常考题型，力图通过全方位、精考点的多题型练习，帮助您全面理解和掌握基础考点及重难点，提高解题能力和应试技巧。本套必刷题具有以下特点：

突出考点，立体式进阶 本套必刷题同步考试大纲并进行了"刷基础""刷重点""刷难点"立体式梯度进阶设计，逐步引导考生夯实基础，强化重点，攻克难点，从而全面掌握考点知识体系，赢得考试。

题量适中，题目质量高 本套必刷题精心甄选适量的典型习题，且注重题目的质量。每道习题均围绕考点和专题展开，并经过多位老师的反复推敲和研磨，具有较高的参考价值。

线上解析，详细全面 本套必刷题通过二维码形式提供详细的解析和解答，不仅可以随时随地为您解惑答疑，还可以帮助您更好地理解题目和知识点，更有助于您提高解题能力和技巧。

在二级建造师执业资格考试之路上，环球网校与您相伴，助您一次通关！

环球网校建造师考试研究院

目录

第一章 建设工程基本法律知识 ………………………… 1
- 第一节 建设工程法律基础 ……………………………… 1
- 第二节 建设工程物权制度 ……………………………… 2
- 第三节 建设工程知识产权制度 ………………………… 5
- 第四节 建设工程侵权责任制度 ………………………… 6
- 第五节 建设工程税收制度 ……………………………… 7
- 第六节 建设工程行政法律制度 ………………………… 8
- 第七节 建设工程刑事法律制度 ………………………… 9

第二章 建筑市场主体制度 …………………………… 12
- 第一节 建筑市场主体的一般规定 ……………………… 12
- 第二节 建筑业企业资质制度 …………………………… 15
- 第三节 建造师注册执业制度 …………………………… 16
- 第四节 建筑市场主体信用体系建设 …………………… 18
- 第五节 营商环境制度 …………………………………… 20

第三章 建设工程许可法律制度 ……………………… 23
- 第一节 建设工程规划许可 ……………………………… 23
- 第二节 建设工程施工许可 ……………………………… 24

第四章 建设工程发承包法律制度 …………………… 27
- 第一节 建设工程发承包的一般规定 …………………… 27
- 第二节 建设工程招标投标制度 ………………………… 28
- 第三节 非招标采购制度 ………………………………… 34

第五章 建设工程合同法律制度 ……………………… 37
- 第一节 合同的基本规定 ………………………………… 37
- 第二节 建设工程施工合同的规定 ……………………… 40
- 第三节 相关合同制度 …………………………………… 43

第六章 建设工程安全生产法律制度 ………………… 47
- 第一节 建设单位和相关单位的安全责任制度 ………… 47
- 第二节 施工安全生产许可证制度 ……………………… 48
- 第三节 施工单位安全生产责任制度 …………………… 49
- 第四节 施工现场安全防护制度 ………………………… 52
- 第五节 施工生产安全事故的应急救援和调查处理 …… 54
- 第六节 政府主管部门安全生产监督管理 ……………… 55

第七章　建设工程质量法律制度 … 58
第一节　工程建设标准 … 58
第二节　无障碍环境建设制度 … 59
第三节　建设单位及相关单位的质量责任和义务 … 60
第四节　施工单位的质量责任和义务 … 62
第五节　建设工程竣工验收制度 … 63
第六节　建设工程质量保修制度 … 64

第八章　建设工程环境保护和历史文化遗产保护法律制度 … 67
第一节　建设工程环境保护制度 … 67
第二节　施工中历史文化遗产保护制度 … 69

第九章　建设工程劳动保障法律制度 … 72
第一节　劳动合同制度 … 72
第二节　劳动用工和工资支付保障 … 74
第三节　劳动安全卫生和保护 … 75
第四节　工伤保险制度 … 76
第五节　劳动争议的解决 … 77

第十章　建设工程争议解决法律制度 … 80
第一节　建设工程争议和解、调解制度 … 80
第二节　仲裁制度 … 81
第三节　民事诉讼制度 … 84
第四节　行政复议制度 … 87
第五节　行政诉讼制度 … 88

增值服务

课程兑换　看课扫我

题库兑换　做题扫我

第一章 建设工程基本法律知识

第一节 建设工程法律基础

▶ **考点1** 法律部门和法律体系

1. 【刷基础】我国现行有效法律共计298件，按法律部门分类，正确的是（　　）。[单选]
   A. 宪法及宪法相关法、环境法、行政法、经济法、社会法、刑法、诉讼与非诉讼程序法
   B. 宪法及宪法相关法、民法商法、行政法、经济法、社会法、刑法、诉讼与非诉讼程序法
   C. 宪法及宪法相关法、环境法、行政法、经济法、社会法、民法、诉讼与非诉讼程序法
   D. 宪法及宪法相关法、民法商法、行政法、经济法、社会法、环境法、诉讼与非诉讼程序法

▶ **考点2** 法的形式和效力层级

2. 【刷基础】《必须招标的工程项目规定》所属法的形式是（　　）。[单选]
   A. 法律　　　　　　　　　　B. 行政法规
   C. 部门规章　　　　　　　　D. 地方性法规

3. 【刷难点】《建设工程勘察设计管理条例》的制定机关是（　　）。[单选]
   A. 全国人民代表大会　　　　B. 国务院
   C. 全国人民代表大会常务委员会　　D. 最高人民法院

4. 【刷基础】法的形式的含义包括（　　）。[多选]
   A. 法律规范的内部表现形式　　B. 法律规范的时间效力
   C. 法律规范创制机关的性质与级别　　D. 法律规范的效力等级
   E. 法律规范的地域效力

5. 【刷基础】根据授权制定的法规与法律规定不一致，不能确定如何适用时，由（　　）裁决。[单选]
   A. 全国人民代表大会　　　　B. 全国人民代表大会常务委员会
   C. 国务院　　　　　　　　　D. 国务院相关部门

6. 【刷难点】下列关于上位法与下位法法律效力的说法，正确的是（　　）。[单选]
   A. 《招标投标法实施条例》高于《招标公告发布暂行办法》
   B. 《建设工程质量管理条例》高于《建筑法》
   C. 《建筑业企业资质管理规定》高于《外商投资建筑业企业管理规定》
   D. 《建设工程勘察设计管理条例》高于《城市房地产开发经营管理条例》

7. 【刷重点】下列关于法的形式和效力层级的说法，正确的有（　　）。[多选]
   A. 行政规章是由国务院制定的法律规范性文件
   B. 部门规章的效力高于地方政府规章
   C. 地方政府规章的效力低于法律、行政法规，高于同级地方性法规

D. 地方性法规只在本辖区内有效，其效力低于法律和行政法规
E. 同一层级的法律法规对同一类问题都有规定时，特别法优于一般法

8. 【刷基础】根据《立法法》，下列情形中，需要由国务院裁决的有（　　）。[多选]
   A. 行政法规之间对同一事项的新的一般规定与旧的特别规定不一致，不能确定如何适用时
   B. 法律之间对同一事项的新的一般规定与旧的特别规定不一致，不能确定如何适用时
   C. 部门规章与地方政府规章之间对同一事项的规定不一致时
   D. 部门规章之间对同一事项的规定不一致时
   E. 同一机关制定的新的一般规定与旧的特别规定不一致时

第二节　建设工程物权制度

考点1 物权的设立、变更、转让、消灭和保护

9. 【刷难点】2022年5月，甲与乙签订了一份房屋买卖合同，将自有的一栋房屋卖给乙。但在交房前，甲又与丙签订合同，将该房屋卖给丙，并与丙办理了过户登记手续。下列说法错误的是（　　）。[单选]
   A. 两份房屋买卖合同均有效
   B. 甲必须收回房屋并向乙方交付
   C. 丙取得该房屋的所有权
   D. 乙不能要求甲实际交付该房屋，但可以要求甲承担违约责任

10. 【刷重点】下列关于不动产物权的说法，正确的是（　　）。[单选]
    A. 依法属于国家所有的自然资源，所有权可以不登记
    B. 不动产物权的转让未经登记不得对抗善意第三人
    C. 不动产物权的转让在合同成立时发生效力
    D. 未办理物权登记的，不动产物权转让合同无效

11. 【刷基础】当事人之间订立有关设立、变更、转让和消灭不动产物权的合同，除法律另有规定或者当事人另有约定外，下列关于该合同效力的说法，正确的有（　　）。[多选]
    A. 自合同成立时生效　　　　　　B. 自办理物权登记时生效
    C. 未办理物权登记的，不影响合同效力　　D. 未办理物权登记的，合同效力待定
    E. 合同生效，并且物权产生效力

考点2 所有权、用益物权、担保物权和占有

12. 【刷重点】下列关于物权的说法，正确的是（　　）。[单选]
    A. 同一物的担保物权人与所有权人应当为同一人
    B. 用益物权人可以是该物的所有权人
    C. 未经用益物权人同意，土地所有权人不得设立地役权
    D. 物权包括所有权、用益物权和占有权

13. 【刷基础】下列物权中，属于用益物权的有（　　）。[多选]
    A. 土地所有权　　B. 地役权　　C. 房屋租赁权　　D. 居住权
    E. 土地承包经营权

14. 【刷基础】根据《民法典》，草地的承包期为（　　）年。[单选]
    A. 30～70　　　　B. 40～60　　　　C. 30～50　　　　D. 40～70

15. 【刷重点】下列关于我国土地承包经营权的说法,错误的是（　　）。[单选]
    A. 承包期限届满的,承包解除
    B. 土地承包经营权自土地承包经营权合同生效时设立
    C. 土地承包经营权人有权将土地承包经营权互换、转让
    D. 未经依法批准,不得将承包地用于非农建设

16. 【刷难点】下列关于建设用地使用权的说法,正确的是（　　）。[单选]
    A. 设立建设用地使用权,应采取出让的方式
    B. 任何情况下,建设用地使用权人不得改变土地用途
    C. 住宅建设用地使用权期间届满的,自动续期
    D. 建设用地使用权消灭的,建设用地使用权人应当及时办理注销登记

17. 【刷基础】下列关于地役权的说法,正确的是（　　）。[单选]
    A. 地役权自登记时设立
    B. 地役权不得单独转让
    C. 地役权属于担保物权
    D. 供役地上的建设用地使用权部分转让时,转让部分涉及地役权的,地役权对受让人不具有约束力

18. 【刷重点】下列关于建设用地使用权的说法,正确的有（　　）。[多选]
    A. 建设用地使用权只能存在于国家所有的土地上
    B. 建设用地使用权自合同生效时设立
    C. 建设用地使用权人有权将建设用地使用权进行抵押
    D. 非住宅建设用地使用权期间届满的,自动续期
    E. 建设用地使用权转让、互换、出资或赠与时,附着于该土地上的建筑物、构筑物及其附属设施可分别处分

19. 【刷难点】甲从自己承包的土地上出入不便,遂与乙书面约定在乙承包的土地上开辟一条道路供甲通行,但没有进行登记。下列关于该约定性质和效力的说法,正确的有（　　）。[多选]
    A. 该约定属于有关相邻关系的约定　　B. 该约定属于土地承包合同
    C. 该约定属于地役权合同　　D. 没有进行登记不影响该约定的合同效力
    E. 如果甲将其承包的土地转移给他人,受让人有权在乙承包的土地上通行

20. 【刷重点】根据《民法典》,除担保合同另有约定之外,主合同无效的,担保合同（　　）。[单选]
    A. 效力待定　　B. 可变更　　C. 无效　　D. 可撤销

21. 【刷基础】下列属于担保物权的有（　　）。[多选]
    A. 用益物权　　B. 抵押权
    C. 质权　　D. 留置权
    E. 定金

22. 【刷基础】不可用于抵押的财产是（　　）。[单选]
    A. 建设用地使用权　　B. 正在建造的建筑物
    C. 土地所有权　　D. 正在使用的交通工具

23. 【刷重点】下列关于抵押的说法，正确的是（　　）。[单选]
   A. 抵押财产只能由债务人提供
   B. 正在建造的建筑物可用于抵押
   C. 提单可用于抵押
   D. 抵押财产转让的，抵押权也转让

24. 【刷重点】下列关于抵押权的说法，正确的有（　　）。[多选]
   A. 以动产抵押的，抵押权在主债务履行时生效
   B. 以建设用地使用权抵押的，该土地上建筑物一并抵押
   C. 以正在建造的建筑物抵押的，应办理抵押登记
   D. 设立抵押权，当事人应采用书面形式订立抵押合同
   E. 使用权不明的财产不得抵押

25. 【刷难点】抵押期间，抵押人转让抵押财产，通知了抵押权人并告知了受让人转让物已经抵押的情况，则（　　）。[多选]
   A. 转让行为无效
   B. 转让所得价款应当由抵押权人所有
   C. 转让所得价款可以向第三人提存
   D. 转让所得价款只能提前清偿债务
   E. 转让行为有效

26. 【刷基础】甲施工企业在银行办理投标保函，银行要求甲提供反担保，则甲不能够进行质押的是（　　）。[单选]
   A. 汇票　　　　　　　　　　B. 流通股
   C. 房屋产权　　　　　　　　D. 知识产权中的财产权

27. 【刷基础】债务人或者第三人有权处分的下列权利中，可以质押的有（　　）。[多选]
   A. 建设用地使用权
   B. 支票
   C. 债券
   D. 可以转让的专利权中的财产权
   E. 现有的以及将有的应收账款

28. 【刷基础】下列关于留置的说法，正确的是（　　）。[单选]
   A. 债权人为留置权人
   B. 债权人不负责保管留置物
   C. 留置权人应给债务人30日以上履行债务的期限
   D. 留置权不得收取留置财产的孳息

29. 【刷重点】下列关于留置的说法，正确的有（　　）。[多选]
   A. 债权人可以留置债务人的动产和不动产
   B. 留置权人因保管不善致使留置财产毁损的，无须承担赔偿责任
   C. 债务人逾期未履行债务的，留置权人可以与债务人协议以留置财产折价
   D. 留置财产折价或者拍卖、变卖后，价款超过债权数额的部分归债务人所有
   E. 同一动产上已经设立抵押权或者质权，该动产又被留置的，留置权人优先受偿

第三节　建设工程知识产权制度

考点1　著作权制度

30. 【刷|重点】下列客体中，受知识产权法律制度保护的有（　　）。[多选]
    A. 地理标志　　　　　　　　　B. 集成电路布图设计
    C. 商标　　　　　　　　　　　D. 建筑作品
    E. 动物新品种

31. 【刷|基础】在建设工程中，具有著作权的作品有（　　）。[多选]
    A. 文字作品　　　　　　　　　B. 图形作品
    C. 模型作品　　　　　　　　　D. 建筑作品
    E. 概念作品

32. 【刷|难点】下列关于著作权主体的说法，正确的是（　　）。[单选]
    A. 著作权的主体只能是自然人、法人或者非法人组织
    B. 投标文件属于单位作品，著作权完全归单位所有
    C. 职务作品的著作权完全由作者享有
    D. 受委托创作的作品，合同未作明确约定时，著作权属于委托人

33. 【刷|重点】著作权的保护期不受限制的有（　　）。[多选]
    A. 发表权　　B. 署名权　　C. 使用权　　D. 修改权
    E. 保护作品完整权

考点2　专利权制度

34. 【刷|基础】外观设计专利权的期限是（　　）年。[单选]
    A. 10　　　　B. 15　　　　C. 20　　　　D. 50

35. 【刷|重点】下列关于专利权期限的说法，正确的是（　　）。[单选]
    A. 发明专利权和实用新型专利权的期限为20年
    B. 外观设计专利权的期限为15年
    C. 单位为了生产经营目的，可以实施专利权人的专利
    D. 专利权的有效期自授予之日起算

36. 【刷|基础】根据《专利法》，下列属于专利法保护对象的有（　　）。[多选]
    A. 发明　　　B. 计算机软件　　C. 实用新型　　D. 商品商标
    E. 外观设计

37. 【刷|基础】授予专利权的发明和实用新型，应当具备（　　）。[多选]
    A. 排他性　　B. 新颖性　　C. 创造性　　D. 先进性
    E. 实用性

考点3　商标权制度

38. 【刷|重点】下列关于商标的说法，正确的是（　　）。[单选]
    A. 商标专用权的内容包括财产权和商标设计者的人身权
    B. 商标注册者的人身权不受著作权法保护
    C. 注册商标的有效期自提出申请之日起计算

D. 商标专用权包括使用权和禁止权两个方面

39. 【刷基础】注册商标有效期满，需要继续使用的，应当在期满前（　　）个月内办理续展手续。[单选]
   A. 6　　　　　　B. 12　　　　　　C. 10　　　　　　D. 9

第四节　建设工程侵权责任制度

▶ 考点1　侵权责任主体和损害赔偿

40. 【刷基础】我国侵权行为的归责原则包括（　　）。[多选]
   A. 有限责任原则　　　　　　　　B. 过错责任原则
   C. 无过错责任原则　　　　　　　D. 过错推定责任原则
   E. 公平责任原则

41. 【刷难点】下列行为可能构成侵权之债的是（　　）。[单选]
   A. 建设行政主管部门未及时颁发施工许可证
   B. 路人帮忙把受伤工人送至医院
   C. 施工现场的施工噪声严重影响居民休息
   D. 建设单位未将工程款及时足额支付给施工企业

42. 【刷重点】下列关于侵权责任主体的说法，错误的是（　　）。[单选]
   A. 二人以上共同实施侵权行为，造成他人损害的，应当承担连带责任
   B. 教唆、帮助他人实施侵权行为的，应当与行为人承担连带责任
   C. 自愿参加具有一定风险的文体活动，因其他参加者的行为受到损害的，受害人可以请求其他参加者承担侵权责任
   D. 被侵权人对同一损害的发生或者扩大有过错的，可以减轻侵权人的责任

43. 【刷基础】下列关于损害赔偿的说法，错误的是（　　）。[单选]
   A. 因同一侵权行为造成多人死亡的，可以以相同数额确定死亡赔偿金
   B. 侵害自然人人身权益造成严重精神损害的，被侵权人有权请求精神损害赔偿
   C. 损害发生后，当事人协商赔偿费用支付方式不能达成一致的，赔偿费用应分期支付
   D. 被侵权人和侵权人就赔偿数额协商不一致的，可以向人民法院提起诉讼

▶ 考点2　产品责任

44. 【刷基础】下列关于产品责任的说法，正确的是（　　）。[单选]
   A. 因产品存在缺陷造成他人损害的，被侵权人只能向生产者请求赔偿
   B. 因第三人的过错使产品存在缺陷，造成他人损害的，产品的生产者、销售者赔偿后，有权向第三人追偿
   C. 产品投入流通后发现存在缺陷而采取召回措施的，不承担侵权责任
   D. 因产品存在缺陷造成他人损害的，销售者应当承担侵权责任

▶ 考点3　建筑物和物件损害责任

45. 【刷基础】关于建筑物、构筑物或者其他设施造成他人损害的责任，下列说法正确的是（　　）。[单选]
   A. 建设单位和施工单位不能证明没有质量缺陷的，应承担连带责任
   B. 建设单位、施工单位赔偿后，有其他责任人的，有权向其他责任人追偿

C. 由第三人的原因造成他人损害的,由施工单位承担侵权责任

D. 管理人或者使用人不能证明自己没有过错的,应当承担侵权责任

第五节 建设工程税收制度

考点1 企业增值税

46. 【刷基础】增值税的最本质特征是( )。[单选]
   A. 进行重复计税
   B. 以不含税的销售额为计税依据
   C. 对各个生产流通环节征税
   D. 只对商品在生产流通过程中的价值增值额征税

47. 【刷重点】增值税的征税范围包括( )。[多选]
   A. 销售货物和服务   B. 转让无形资产
   C. 销售不动产   D. 进口货物
   E. 提供加工和修理修配服务

48. 【刷基础】纳税人销售货物、劳务、有形动产租赁服务或者进口货物,除另有规定外,税率应为( )。[单选]
   A. 6%   B. 13%
   C. 12%   D. 3%

49. 【刷基础】小规模纳税人发生增值税应税销售行为,合计月销售额未超过( )万元的,免征增值税。[单选]
   A. 10   B. 15
   C. 20   D. 25

50. 【刷重点】下列项目免征增值税的有( )。[多选]
   A. 新出版的图书   B. 直接用于科学研究的进口仪器
   C. 直接教学的进口设备   D. 国际组织无偿援助的进口物资
   E. 农业生产者销售的自产农产品

考点2 环境保护税

51. 【刷难点】下列情形中,不需要缴纳相应污染物的环境保护税的是( )。[单选]
   A. 生产经营者贮存固体废物不符合国家和地方环境保护标准的
   B. 生产经营者向依法设立的污水集中处理场所排放应税污染物的
   C. 企业事业单位向生活垃圾集中处理场所排放污染物的
   D. 城乡污水集中处理场所超过国家和地方规定的排放标准向环境排放应税污染物的

52. 【刷重点】下列情形中,免征环境保护税的有( )。[多选]
   A. 农业生产排放应税污染物的
   B. 依法设立的城乡污水集中处理、生活垃圾集中处理场所排放相应应税污染物的
   C. 机动车排放应税污染物的
   D. 船舶和航空器排放应税污染物的
   E. 综合利用固体废物并符合环境保护标准的

53. 【刷基础】纳税人排放应税大气污染物或者水污染物的浓度值低于国家和地方规定的污

染物排放标准30%的,减按( )征收环境保护税。[单选]
A. 20% B. 30%
C. 50% D. 75%

第六节 建设工程行政法律制度

▶ 考点1 行政法的特征和基本原则

54. 【基础】行政法的基本原则不包括( )[单选]
A. 行政合理性原则 B. 公开平等原则
C. 程序正当原则 D. 高效便民原则

▶ 考点2 行政许可、行政处罚和行政强制

55. 【基础】在建设工程领域,下列行为属于行政许可的是( )。[单选]
A. 对责令停止施工的项目允许其开工建设
B. 吊销资质证书
C. 对先进单位予以表彰
D. 颁发施工许可证

56. 【基础】行政许可实施程序的基本环节包括( )。[多选]
A. 申请与受理 B. 审查与决定
C. 听证 D. 公告与送达
E. 变更与延续

57. 【基础】下列责任种类中,属于行政处罚的有( )。[多选]
A. 通报批评 B. 拘役
C. 罚金 D. 排除妨碍
E. 没收非法财物

58. 【难点】某建筑设计单位未按照建筑工程质量、安全标准进行设计,受到当地建设行政主管部门的处罚。在对其处罚项目中,不属于行政处罚的是( )。[单选]
A. 处10万元以上30万元以下的罚款 B. 责令停业整顿
C. 降低资质等级 D. 构成犯罪的,依法追究刑事责任

59. 【基础】当事人要求听证的,行政机关应当组织听证的情形有( )。[多选]
A. 较大数额罚款 B. 没收较大价值非法财物
C. 限制人身自由 D. 吊销许可证件
E. 责令停产停业

60. 【基础】下列关于行政强制的说法,正确的是( )。[单选]
A. 地方性法规可以设定冻结存款、汇款的行政强制措施
B. 查封场所、设施或者财物属于行政强制执行
C. 排除妨碍、恢复原状属于行政强制措施
D. 法律、法规以外的其他规范性文件不得设定行政强制措施

61. 【重点】根据《行政强制法》,下列属于行政强制措施的有( )。[多选]
A. 限制公民人身自由 B. 排除妨碍、恢复原状
C. 加处罚款或者滞纳金 D. 冻结存款、汇款

E. 查封场所、设施或者财物

第七节　建设工程刑事法律制度

▶ 考点1　刑法的特征和基本原则

62. 【基础】下列不属于刑法基本原则的是（　　）。[单选]
   A. 罪刑法定原则　　　　　　　　B. 适用刑法人人平等原则
   C. 罪责刑相适应原则　　　　　　D. 量刑从宽原则

▶ 考点2　犯罪概念、犯罪构成、刑罚种类和刑罚裁量

63. 【基础】下列法律责任中，属于刑事处罚的是（　　）。[单选]
   A. 处分　　　　　　　　　　　　B. 暂扣执照
   C. 恢复原状　　　　　　　　　　D. 罚金

64. 【基础】下列法律责任中，属于刑罚主刑的是（　　）。[单选]
   A. 拘留　　　　　　　　　　　　B. 剥夺政治权利
   C. 拘役　　　　　　　　　　　　D. 驱逐出境

65. 【基础】刑罚中附加刑的种类有（　　）。[多选]
   A. 罚款　　　　　　　　　　　　B. 管制
   C. 拘役　　　　　　　　　　　　D. 剥夺政治权利
   E. 没收财产

66. 【重点】下列关于刑罚裁量的说法，错误的有（　　）。[多选]
   A. 对于自首的犯罪分子，可以从轻或者减轻处罚
   B. 有重大立功表现的，可以减轻或者免除处罚
   C. 数罪中有判处有期徒刑和拘役的，执行拘役
   D. 数罪中有判处有期徒刑和管制的，执行有期徒刑即可
   E. 被判处无期徒刑的，不得假释

67. 【基础】对于被判处拘役、3年以下有期徒刑的犯罪分子，不可以宣告缓刑的情形是（　　）。[单选]
   A. 犯罪情节较轻　　　　　　　　B. 有悔罪表现
   C. 已满70周岁的人　　　　　　　D. 没有再犯罪的危险

▶ 考点3　建设工程常见犯罪行为及罪名

68. 【难点】某施工单位为降低造价，在施工中偷工减料，故意使用不合格的建筑材料、构配件和设备，降低工程质量，导致建筑工程坍塌，致使多人重伤、死亡。该施工单位的行为已经构成（　　）。[单选]
   A. 重大劳动安全事故罪
   B. 强令违章冒险作业罪
   C. 重大责任事故罪
   D. 工程重大安全事故罪

69. 【难点】某市政工程公司进行地下管道安装施工，李某作为项目经理违反安全管理规定安排工人作业，造成2名工人死亡。根据《刑法》及相关司法解释，李某的行为涉嫌

构成（　　）。[单选]
A. 重大责任事故罪
B. 一般责任事故罪
C. 强令违章冒险作业罪
D. 重大劳动安全事故罪

70. 【刷 重点】下列关于工程重大安全事故罪的说法，正确的有（　　）。[多选]
A. 该犯罪是单位犯罪
B. 该犯罪的客观方面表现为违反国家规定，降低工程质量标准，造成重大安全事故
C. 该犯罪的犯罪主体包括勘察单位
D. 该犯罪的法定最高刑为20年
E. 该犯罪应当对直接责任人员并处罚金

71. 【刷 基础】犯重大劳动安全事故罪，情节特别恶劣的，对直接负责的主管人员处以（　　）。[单选]
A. 3年以下有期徒刑
B. 拘役
C. 3年以上7年以下有期徒刑
D. 7年以上10年以下有期徒刑

72. 【刷 难点】下列情形，属于强令他人违章冒险作业的是（　　）。[多选]
A. 以威逼手段，强制他人违章作业的
B. 以恐吓手段，强制他人违章作业的
C. 利用组织职权，强制他人违章作业的
D. 故意掩盖重大事故隐患，组织他人作业的
E. 不排除重大事故隐患，组织他人作业的

参考答案

1. B	2. C	3. B	4. CDE	5. B	6. A
7. DE	8. ACD	9. B	10. A	11. AC	12. C
13. BDE	14. C	15. A	16. C	17. B	18. AC
19. CDE	20. C	21. BCD	22. C	23. B	24. BCDE
25. CE	26. C	27. BCDE	28. A	29. CDE	30. ABCD
31. ABCD	32. B	33. BDE	34. B	35. B	36. ACE
37. BCE	38. D	39. B	40. BCDE	41. C	42. C
43. C	44. B	45. C	46. D	47. ACDE	48. B
49. A	50. BCDE	51. B	52. BCDE	53. D	54. B
55. D	56. ABCE	57. AE	58. D	59. ABDE	60. D
61. ADE	62. D	63. D	64. C	65. DE	66. CDE
67. C	68. D	69. A	70. ABE	71. C	72. ABC

- 微信扫码查看本章解析
- 领取更多学习备考资料

考试大纲　考前抢分

学习总结

第二章 建筑市场主体制度

第一节 建筑市场主体的一般规定

考点1 自然人、法人、非法人组织

1. 【刷基础】根据《民法典》，不属于法人应当具备的条件的是（　　）。[单选]
   A. 有主管机关或挂靠部门
   B. 有自己的名称、组织机构和住所
   C. 依法成立，并有必要的财产或经费
   D. 能独立承担民事责任

2. 【刷重点】下列关于法人应当具备的条件的说法，正确的是（　　）。[单选]
   A. 法人应在政府主管部门备案
   B. 法人应具有规定数额的经费
   C. 法人应有自己的组织机构
   D. 法人应抵押与经营规模相适应的财产

3. 【刷难点】根据《民法典》，下列主体属于法人的是（　　）。[单选]
   A. 甲施工企业的项目经理部
   B. 乙基金会
   C. 丙公司的分公司
   D. 企业负责人丁

4. 【刷基础】下列关于法人的说法，正确的是（　　）。[单选]
   A. 法人分为营利法人和非营利法人
   B. 营业执照签发日期为营利法人的成立日期
   C. 有独立经费的机关从批准之日取得法人资格
   D. 营利法人包括有限责任公司和股份有限公司

5. 【刷基础】下列法人中，属于特别法人的是（　　）。[单选]
   A. 基金会
   B. 事业单位
   C. 社会团体
   D. 机关法人

6. 【刷基础】下列关于自然人和法人在建设工程中地位的说法，错误的是（　　）。[单选]
   A. 自然人可以承包建筑工程
   B. 法人是建设工程活动中的重要主体
   C. 在工程建设中，自然人可以参与项目
   D. 法人在工程建设中具有民事权利能力和民事行为能力

7. 【刷重点】下列关于施工企业项目经理部的说法，正确的是（　　）。[单选]
   A. 项目经理部不具有法人资格
   B. 项目经理部是施工企业的下属子公司
   C. 项目经理部是常设机构
   D. 项目经理部能够独立承担民事责任

8. 【刷难点】下列关于项目经理部及其行为法律后果的说法，正确的有（　　）。[多选]
   A. 其行为的法律后果由项目经理承担
   B. 不具备法人资格
   C. 是施工企业为完成某项工程建设任务而设立的组织
   D. 其行为的法律后果由项目经理部承担
   E. 其行为的法律后果由企业法人承担

9. 【刷重点】下列关于施工企业项目经理的说法，错误的是（　　）。[单选]
   A. 项目经理是对建设工程施工项目全面负责的项目管理者
   B. 项目经理是一种施工企业内部的岗位职务
   C. 施工项目可以根据需要设项目经理，也可不设项目经理
   D. 项目经理根据企业法人的授权，全面组织和领导本项目经理部的工作

10. 【刷重点】对于（　　）施工项目，施工企业应当在施工现场设立项目经理部。[单选]
    A. 大型　　　　　　　　　　　　B. 中小型
    C. 小型　　　　　　　　　　　　D. 大中型

考点2　建设工程委托代理

11. 【刷难点】下列关于建设工程代理行为的说法，正确的是（　　）。[单选]
    A. 材料设备采购不得代理实施
    B. 被代理人取消委托，委托代理终止
    C. 代理行为应当采取书面形式
    D. 建设工程活动不涉及诉讼代理

12. 【刷重点】下列关于民事代理的说法，正确的有（　　）。[多选]
    A. 代理人必须在代理范围内实施代理行为
    B. 代理人只能依照被代理人的意志实施代理行为
    C. 代理人以自己的名义实施代理行为
    D. 被代理人对代理人的代理行为承担民事责任
    E. 被代理人对代理人不当代理行为不承担责任

13. 【刷重点】下列关于委托代理的说法中，正确的是（　　）。[单选]
    A. 民事法律行为的委托代理，必须用书面形式
    B. 委托代理授权采用书面形式的，授权委托书应由被代理人签名和盖章
    C. 数人为同一代理事项的代理人的，无约定时，应当共同行使代理权
    D. 建设工程的承包活动可以委托代理

14. 【刷难点】某施工企业为了索要工程款，聘请律师代为诉讼属于（　　）。[单选]
    A. 委托代理　　　B. 法定代理　　　C. 无权代理　　　D. 表见代理

15. 【刷重点】下列关于建设工程中代理的说法，正确的是（　　）。[单选]
    A. 建设工程合同诉讼只能委托律师代理
    B. 建设工程中的代理主要是法定代理
    C. 建设工程中应由本人实施的民事法律行为，不得代理
    D. 建设工程中为了被代理人的利益，代理人可直接转委托第三人代理

16. 【刷难点】乙公司明知甲公司材料销售部主管被取消了对外签订合同的授权，还继续与其签订材料采购合同，因此给甲公司造成经济损失，其法律后果应该由（　　）。[单选]
    A. 甲公司自行承担责任
    B. 乙公司自行承担责任
    C. 甲、乙公司承担连带责任
    D. 乙公司和甲公司销售部主管承担连带责任

17.【刷基础】根据《民法典》，委托代理终止的情形有（　　）。[多选]
　A. 代理事务完成
　B. 被代理人取消委托
　C. 代理人丧失民事行为能力
　D. 被代理人丧失民事行为能力
　E. 代理人死亡

18.【刷重点】下列关于代理的说法，正确的是（　　）。[单选]
　A. 代理期限届满或者代理事务完成，委托代理终止
　B. 代理涉及被代理人和代理人两方当事人
　C. 转委托代理经被代理人同意或者追认的，代理人无须担责
　D. 转委托代理未经被代理人同意或者追认的，代理人必须担责

19.【刷难点】下列关于代理的法律责任的说法，错误的是（　　）。[单选]
　A. 代理人不履行职责，造成被代理人损害的，应当承担民事责任
　B. 代理人和相对人恶意串通，损害被代理人合法权益的，由代理人承担责任
　C. 被代理人知道代理行为违法未作反对表示的，被代理人和代理人承担连带责任
　D. 相对人知道行为人无权代理的，相对人和行为人按照各自的过错承担责任

20.【刷基础】下列属于无权代理表现形式的有（　　）。[多选]
　A. 代理权限不明　　　　　　　B. 自始未经授权
　C. 超越代理权　　　　　　　　D. 代理权已终止
　E. 代理人与第三人恶意串通的代理

21.【刷难点】甲是乙施工企业的采购员，已离职。丙供应商是乙施工企业的客户，未被告知甲离职的事实，甲持乙施工企业盖章的空白合同书，以乙施工企业的名义与丙供应商洽购100吨钢材并签订了买卖合同。该合同的货款由（　　）。[单选]
　A. 乙施工企业承担
　B. 采购员甲承担
　C. 丙供应商承担
　D. 乙施工企业和丙供应商共同承担

22.【刷重点】下列关于代理的说法，正确的是（　　）。[单选]
　A. 委托代理授权采用书面形式的，授权委托书必须由被代理人签名并盖章
　B. 代理人明知代理事项违法仍然实施代理行为，应与被代理人承担连带责任
　C. 表见代理属于有权代理，由本人承担法律后果
　D. 经被代理人同意的转代理，代理人不再承担责任

23.【刷重点】代理人知道或者应当知道代理事项违法，仍然实施代理行为。下列关于违法代理责任承担的说法，正确的是（　　）。[单选]
　A. 仅由被代理人承担责任
　B. 仅由代理人承担责任
　C. 由被代理人和代理人按过错承担按份责任
　D. 由被代理人和代理人承担连带责任

第二节 建筑业企业资质制度

▶ 考点1 建筑业企业资质条件和等级

24.【刷基础】从事建筑活动的建筑业企业，应当具备的条件不包括（　　）。[单选]
   A. 有符合规定的净资产
   B. 有符合规定的主要人员
   C. 有符合规定的技术装备
   D. 有良好的工程业绩

25.【刷重点】下列关于建筑业企业资质的说法，错误的是（　　）。[单选]
   A. 企业可以申请一项或多项建筑业企业资质
   B. 企业申请建筑业企业资质的，应当提交纸质申请材料
   C. 企业资质证书有效期为5年
   D. 建筑业企业施工劳务资质采用备案制

26.【刷基础】根据《建设工程企业资质管理制度改革方案》（建市〔2020〕94号），施工企业的资质序列包括（　　）。[多选]
   A. 施工总承包资质
   B. 专业承包资质
   C. 施工综合资质
   D. 专业分包资质
   E. 专业作业资质

▶ 考点2 建筑业企业资质的申请、许可、延续和变更

27.【刷基础】建筑业企业资质有效期届满，企业申请办理资质延续手续应当在资质证书有效期届满前（　　）。[单选]
   A. 15天　　　　B. 1个月　　　　C. 2个月　　　　D. 3个月

28.【刷重点】下列关于建筑业企业资质证书申请与延续的说法，正确的是（　　）。[单选]
   A. 建筑业企业资质证书有效期3年
   B. 企业首次申请或增项申请资质，应当申请最低等级资质
   C. 资质许可机关逾期未作出决定的，视为不准予延续
   D. 企业应当于资质证书有效期届满30日前，向原资质许可机关提出延续申请

29.【刷重点】下列关于建筑业企业资质证书变更的说法，正确的是（　　）。[单选]
   A. 企业在建筑业资质证书有效期内注册资本发生变更的，应当在工商部门办理变更手续后3个月内办理资质证书变更手续
   B. 企业发生合并、分立等事项，可以直接承继原建筑业企业资质
   C. 建筑业企业资质证书遗失补办，由申请人告知资质许可机关，由资质许可机关在官网发布信息
   D. 建筑业资质证书地址发生变更的，无须办理资质证书变更手续

30.【刷基础】根据《建筑业企业资质管理规定》，应当注销建筑业企业资质的情形是（　　）。[单选]
   A. 资质许可机关工作人员滥用职权、玩忽职守准予资质许可的
   B. 资质证书有效期届满，未依法申请延续的
   C. 企业不再符合相应建筑业企业资质标准要求条件的
   D. 允许其他企业或个人以本企业的名义承揽工程的

31.【刷重点】按照《建筑业企业资质管理规定》，建筑业企业资质证书有效期满未申请延续

的，其资质证书将被（　　）。[单选]
A. 撤回 B. 撤销
C. 注销 D. 吊销

32. [刷基础] 下列情形中，应当撤销建筑业企业资质的有（　　）。[多选]
A. 对不符合资质标准条件的申请企业准予资质许可的
B. 资质证书有效期届满，未依法申请延续的
C. 企业依法终止的
D. 超越法定职权准予资质许可的
E. 以欺骗、贿赂等不正当手段取得资质许可的

33. [刷重点] 下列关于承揽工程的规定，错误的有（　　）。[多选]
A. 施工单位应当在其资质等级许可的范围内承揽工程
B. 施工单位从事建设工程的新建、扩建等活动，无须取得资质证书
C. 施工总承包单位可以将建设工程主体结构的施工分包给其他单位
D. 禁止建筑施工企业以任何形式用其他建筑施工企业的名义承揽工程
E. 禁止施工单位允许其他单位或者个人以本单位的名义承揽工程

34. [刷重点] 两个以上不同资质等级的单位实行联合共同承包的，应当按照（　　）的单位的业务许可范围承揽工程。[单选]
A. 资质等级高 B. 资质等级低
C. 平均资质等级 D. 任一资质等级

35. [刷重点] 下列关于承揽工程业务的说法，正确的是（　　）。[单选]
A. 企业承揽分包工程，应当取得相应建筑业企业资质
B. 不具有相应资质等级的施工企业，可以采取同一专业联合承包的方式满足承揽工程业务要求
C. 施工企业与项目经理部签订内部承包协议，属于允许他人以本企业名义承揽工程
D. 分包单位可以将其承包的建设工程再分包

36. [刷基础] 建筑施工企业以欺骗、贿赂等不正当手段取得安全生产许可证的，申请人（　　）年内不得再次申请安全生产许可证。[单选]
A. 1 B. 2 C. 3 D. 5

37. [刷基础] 根据《建设工程质量管理条例》，未取得资质证书承揽工程的，予以取缔，对施工单位处工程合同价款（　　）的罚款。[单选]
A. 1‰～3‰ B. 2‰～4‰
C. 3‰～6‰ D. 2‰～10‰

第三节　建造师注册执业制度

▶ 考点1　建造师考试

38. [刷基础] 注册建造师的注册证书和执业印章由（　　）保管。[单选]
A. 注册建造师聘用单位
B. 注册建造师聘用单位所在地住房城乡建设主管部门
C. 注册建造师聘用单位所在地人事行政主管部门
D. 注册建造师本人

39. 【刷基础】下列关于二级建造师的注册的说法，正确的是（ ）。[单选]
   A. 初始注册不需要达到继续教育要求
   B. 变更注册应通过原聘用单位申请
   C. 延续注册时，应当提供原注册证书
   D. 变更注册有效期重新起算

40. 【刷基础】某建造师因工作调动与原聘用单位解除了劳动关系，其注册证书应当（ ）。[单选]
   A. 注销注册或变更注册
   B. 被吊销
   C. 被撤销
   D. 延续有效

41. 【刷难点】下列注册证书失效的是（ ）。[单选]
   A. 张某所在企业破产
   B. 王某调离原企业到新单位
   C. 李某年龄明年65周岁
   D. 赵某年满17周岁注册在本单位

42. 【刷重点】下列关于建造师不予注册的说法，正确的是（ ）。[单选]
   A. 因执业活动之外的原因受到刑事处罚，自刑事处罚执行完毕之日起至申请注册之日不满5年的
   B. 被吊销注册证书，自处罚决定之日起申请注册之日止不满3年的
   C. 年龄超过60周岁的
   D. 申请在两个或者两个以上单位注册的

43. 【刷难点】赵、李、孙、张四人通过建造师资格考试，并取得资格证书，各自找到一个单位申请注册，则（ ）。[单选]
   A. 赵某达到注册建造师继续教育要求，可以注册
   B. 李某因执业活动受到刑事处罚已经执行完毕满2年，可以注册
   C. 孙某被吊销执业证书，已满1年，可以注册
   D. 张某在两个单位申请注册，可以注册

44. 【刷难点】2022年3月，取得建造师资格证书的王某受聘并注册于甲公司，2023年6月工作单位变动后变更注册于乙公司，其变更后的注册有效期到（ ）止。[单选]
   A. 2025年3月
   B. 2025年6月
   C. 2026年3月
   D. 2026年6月

▶ 考点2　建造师注册、受聘和执业范围

45. 【刷基础】注册建造师担任施工项目负责人，在其承建的工程项目竣工验收手续办结前，可以变更注册至另一家企业的情形是（ ）。[单选]
   A. 同一工程分期施工
   B. 发包方同意更换项目负责人
   C. 承包方同意更换项目负责人
   D. 停工超过120天承包方认为需要调整的

46. 【刷重点】下列关于二级建造师执业范围的说法，正确的是（ ）。[单选]
   A. 发包人与注册建造师受聘企业已解除承包合同的，办理书面交接手续后可以更换施工项目负责人
   B. 注册建造师不得同时担任两个及以上建设工程施工项目负责人，项目均为小型工程施工项目的除外
   C. 注册建造师担任施工项目负责人期间，经受聘企业同意，可以更换施工项目负责人
   D. 因非承包人原因致使工程项目停工超过120日，注册建造师可同时担任另一工程施工项目负责人

47. 【刷重点】注册建造师同时担任两个项目负责人的以下情形中，合法的有（　　）。[多选]
   A. 属同一工程相邻分段发包的项目
   B. 同一工程分期施工的
   C. 合同约定的工程已完工
   D. 两建设单位均认为注册建造师有能力胜任的
   E. 因非承包方原因致使工程项目停工超过120天的

考点3 建造师基本权利和义务

48. 【刷基础】根据《注册建造师管理规定》，下列属于注册建造师权利的是（　　）。[单选]
   A. 同时在两个或者两个以上单位受聘或者执业
   B. 超出执业范围和聘用单位业务范围内从事执业活动
   C. 允许他人以自己的名义从事执业活动
   D. 本人执业活动中形成的文件上签字并加盖执业印章

49. 【刷基础】注册建造师在从事执业活动中，应履行的义务是（　　）。[单选]
   A. 获得相应的劳动报酬
   B. 坚持独立自主地开展工作
   C. 接受继续教育，努力提高执业水准
   D. 对本人执业活动进行解释和辩护

50. 【刷重点】下列关于注册建造师签字的说法，正确的是（　　）。[单选]
   A. 分包工程施工管理文件和质量合格文件，均应当由总承包项目负责人签字
   B. 注册建造师签字的施工管理文件需要修改时，本人修改后应当及时通知所在企业
   C. 本人不能修改的，企业应当指定该项目技术负责人进行修改
   D. 注册建造师有权拒绝在不合格施工管理文件上签字

51. 【刷基础】根据《建设工程质量管理条例》，注册建造师因过错造成重大质量事故，情节特别恶劣的，其将受到的行政处罚为（　　）。[单选]
   A. 终身不予注册
   B. 吊销职业资格证书，5年内不予注册
   C. 责令停止执业3年
   D. 责令停止执业1年

52. 【刷难点】张某被查出存在二级建造师职业资格"挂证"行为，2021年4月25日其注册被撤销，则张某可以再次申请二级建造师注册的最早日期为（　　）。[单选]
   A. 2022年4月25日　　　　　　　　B. 2023年4月25日
   C. 2024年4月25日　　　　　　　　D. 2025年4月25日

第四节　建筑市场主体信用体系建设

考点1 建筑市场各方主体信用信息分类

53. 【刷基础】下列信息中，不属于建筑市场信用信息的是（　　）。[单选]
   A. 基本信息　　　　　　　　　　B. 优良信用信息
   C. 不良信用信息　　　　　　　　D. 违法信息

考点 2 建筑市场各方主体信用信息公开和应用

54.【刷基础】下列关于建筑市场各方主体信用信息公开期限的说法，正确的是（   ）。[单选]
  A. 建筑市场各方主体的基本信息永久公开
  B. 建筑市场各方主体的优良信用信息公布期限一般为 6 个月
  C. 招标投标违法行为自行政处理决定作出之日起 10 个工作日内进行公告
  D. 不良信用信息公开期限一般为 6 个月至 3 年，并不得低于相关行政处罚期限

55.【刷重点】下列关于建筑市场诚信行为公布的说法，正确的是（   ）。[单选]
  A. 不良行为记录应当在当地发布，社会影响恶劣的，还应当在全国发布
  B. 不良信用信息公开期限一般为 6 个月至 3 年
  C. 省、自治区和直辖市建设行政主管部门负责审查整改结果，对整改确有实效的，可取消不良行为记录信息的公布
  D. 不良行为记录在地方的公布期限应当长于全国公布期限

56.【刷重点】下列对招标投标违法行为作出的行政处理决定，应给予公告的有（   ）。[多选]
  A. 取消参加本次投标的资格
  B. 暂停建设项目的审查批准
  C. 暂停或者取消招标代理资格
  D. 取消担任评标委员会成员的资格
  E. 取消在一定时期内参加依法必须进行招标的项目的投标资格

57.【刷基础】违法行为记录公告的基本内容包括（   ）。[多选]
  A. 处理依据   B. 违法行为
  C. 处理机关   D. 处理时间
  E. 处理程序

58.【刷难点】建筑市场各方主体存在的下列情形中，应列入建筑市场主体"黑名单"的有（   ）。[多选]
  A. 利用虚假材料、以欺骗手段取得企业资质的
  B. 因出借资质受到行政处罚的
  C. 发生重大及以上工程质量安全事故受到行政处罚的
  D. 一年内累计发生 2 次及以上较大工程质量安全事故的
  E. 经法院判决为拖欠工程款的

考点 3 建筑市场各方主体不良行为记录认定标准

59.【刷基础】根据《全国建筑市场各方主体不良行为记录认定标准》，涂改、伪造、出借、转让建筑业企业资质证书的属于（   ）。[单选]
  A. 资质不良行为   B. 工程质量不良行为
  C. 工程安全不良行为   D. 承揽业务不良行为

60.【刷难点】下列情形中，属于施工企业资质不良行为的有（   ）。[多选]
  A. 允许其他单位或个人以本单位名义承揽工程的
  B. 以他人名义投标或者以其他方式弄虚作假，骗取中标的

C. 不按照与招标人订立的合同履行义务，情节严重的
D. 将承包的工程转包或者违法分包的
E. 涂改、伪造、出借、转让证书的

61.【刷基础】下列属于建设工程施工企业承揽业务不良行为的是（　　）。[单选]
A. 将承包的工程转包或违法分包
B. 拖欠工程款
C. 允许其他单位或个人以本单位名义承揽工程
D. 对建筑安全事故隐患，不采取措施予以消除

62.【刷难点】下列属于施工单位承揽业务不良行为的有（　　）。[多选]
A. 串通投标
B. 偷工减料
C. 恶意拖欠劳动者工资
D. 出借、转让资质证书
E. 弄虚作假骗取中标的

63.【刷基础】根据《全国建筑市场各方主体不良行为记录认定标准》，允许其他单位或个人以本单位名义承揽工程的，属于（　　）。[单选]
A. 资质不良行为
B. 承揽业务不良行为
C. 工程质量不良行为
D. 工程安全不良行为

64.【刷难点】施工单位的下列行为中，符合工程安全不良行为认定标准的有（　　）。[多选]
A. 在施工起重机械和整体提升脚手架、模板等自升式架设设施验收合格后未按照规定登记的
B. 在尚未竣工的建筑物内设置员工集体宿舍的
C. 未对因建设工程施工可能造成损害的毗邻建筑物、构筑物和地下管线等采取专项防护措施的
D. 使用未经验收或验收不合格的施工起重机械和整体提升脚手架、模板等自升式架设设施的
E. 未按照节能设计进行施工的

第五节　营商环境制度

考点1　营商环境优化

65.【刷基础】根据《优化营商环境条例》，优化营商环境应当坚持（　　）原则。[多选]
A. 透明化
B. 法治化
C. 市场化
D. 公开化
E. 国际化

66.【刷重点】下列关于优化营商环境的说法，错误的是（　　）。[单选]
A. 实行全国统一的市场准入负面清单制度
B. 保证各类市场主体经营自主权，平等参与竞争
C. 禁止要求市场主体提供财力、物力或者人力的摊派行为
D. 除特定领域外，涉企经营许可事项不得作为企业登记的前置条件

67.【刷难点】下列属于优化营商环境专项整治工作内容的有（　　）。[多选]
A. 违法设置的限制、排斥不同所有制企业参与招投标的规定
B. 将国家已经明令取消的资质资格作为投标条件和中标条件
C. 限定投标保证金、履约保证金只能以现金形式提交

D. 设定投标报名、招标文件审查等事前审批或者审核环节
E. 明示或暗示评标专家对不同所有制投标人采取不同的评标标准

考点2 中小企业款项支付保障

68. 【刷基础】中小企业、大型企业依（　　）时的企业规模类型确定。[单选]
    A. 企业设立   B. 合同订立
    C. 结算付款   D. 交易发生

69. 【刷重点】机关、事业单位从中小企业采购货物、工程、服务，应当自货物、工程、服务交付之日起（　　）日内支付款项；合同另有约定的，付款期限最长不得超过（　　）日。[单选]
    A. 20；30   B. 30；60
    C. 30；70   D. 20；60

70. 【刷难点】下列关于中小企业款项支付的说法，正确的有（　　）。[多选]
    A. 应当按照行业规范、交易习惯合理约定付款期限并及时支付款项
    B. 拖延检验或者验收的，付款期限自约定的检验或者验收期限届满之日起算
    C. 合同约定采取定期结算方式的，付款期限应当自双方确认结算金额之日起算
    D. 以验收合格作为支付款项条件的，付款期限应当自申请验收之日起算
    E. 使用非现金支付方式支付款项的，应当在合同中明确约定

71. 【刷重点】除依法设立的（　　）外，工程建设中不得收取其他保证金。[多选]
    A. 投标保证金   B. 文明施工保证金
    C. 履约保证金   D. 农民工工资保证金
    E. 程质量保证金

参考答案

1. A	2. C	3. B	4. B	5. D	6. A
7. A	8. BCE	9. C	10. D	11. B	12. AD
13. C	14. A	15. C	16. D	17. ABCE	18. A
19. B	20. BCD	21. A	22. B	23. D	24. D
25. B	26. ABCE	27. D	28. B	29. C	30. B
31. C	32. ADE	33. BC	34. B	35. A	36. C
37. B	38. D	39. C	40. A	41. A	42. D
43. A	44. A	45. B	46. A	47. AB	48. D
49. C	50. D	51. A	52. C	53. D	54. D
55. B	56. BCDE	57. ABCD	58. ABC	59. A	60. AE
61. A	62. AE	63. A	64. ABCD	65. BCE	66. C
67. ABCE	68. B	69. B	70. ABCE	71. ACDE	

- 微信扫码查看本章解析
- 领取更多学习备考资料

考试大纲　　考前抢分

✎ 学习总结

第三章 建设工程许可法律制度

第一节 建设工程规划许可

考点1 规划许可证的申请

1. 【基础】实施城乡规划,应当遵循的原则包括( )。[多选]
   A. 城乡统筹
   B. 合理布局
   C. 节约土地
   D. 先城市后乡村
   E. 先建设后规划

2. 【难点】申请办理建设工程规划许可证,应当提交的材料不包括( )。[单选]
   A. 使用土地的有关证明文件
   B. 控制性详细规划
   C. 建设工程设计方案
   D. 修建性详细规划

3. 【重点】下列关于建设工程规划许可证的说法,正确的是( )。[单选]
   A. 在乡村规划区内进行公益事业建设无须办理规划许可
   B. 建设单位应当及时将依法变更后的规划条件报城市、县人民政府城乡规划主管部门备案
   C. 未经核实或者经核实不符合规划条件的,建设单位不得组织竣工验收
   D. 竣工验收后3个月内建设单位应当向城乡规划主管部门报送有关竣工验收资料

考点2 规划条件的变更

4. 【基础】建设单位应当在竣工验收后( )个月内向城乡规划主管部门报送有关竣工验收资料。[单选]
   A. 3
   B. 6
   C. 9
   D. 12

5. 【难点】县级以上人民政府城乡规划主管部门对城乡规划的实施情况进行监督检查,有权采取的措施不包括( )。[单选]
   A. 要求有关单位和人员提供与监督事项有关的文件、资料
   B. 要求有关单位和人员就监督事项涉及的问题作出解释和说明
   C. 责令有关单位和人员停止违反有关城乡规划的法律、法规的行为
   D. 要求有关单位和人员就监督事项进行保密

6. 【重点】关于建设工程规划变更的说法,错误的是( )。[单选]
   A. 经依法审定的修建性详细规划、建设工程设计方案的总平面图不得随意修改
   B. 规划确需修改的,城乡规划主管部门应当采取听证会等形式,听取利害关系人的意见
   C. 建设单位应当按照规划条件进行建设,确需变更的,必须向省级人民政府城乡规划主管部门提出申请
   D. 建设单位应当及时将依法变更后的规划条件报有关人民政府土地主管部门备案

第二节 建设工程施工许可

考点1 施工许可证和开工报告的适用范围

7. 【刷重点】下列关于施工许可证适用范围的说法，正确的是（　　）。[单选]
   A. 实行开工报告批准制度的建设工程，不再领取施工许可证
   B. 工程投资额在50万元以下的建筑工程，可以不申请办理施工许可证
   C. 配套扩建的设备安装工程，无需申请办理施工许可证
   D. 建筑面积超过500平方米的临时性房屋建筑需办理施工许可证

8. 【刷基础】根据《建筑工程施工许可管理办法》，下列需要办理施工许可证的建设工程有（　　）。[多选]
   A. 工程投资额为20万元的建筑工程
   B. 按照国务院规定的权限和程序批准开工报告的建筑工程
   C. 建筑面积为500平方米的建筑工程
   D. 抢险救灾及其他临时性房屋建筑
   E. 依法通过竞争性谈判确定供应商的建筑面积1 000平方米的政府采购工程建设项目

考点2 施工许可证的申请

9. 【刷基础】（　　）应当按照国家有关规定向工程所在地的县级以上人民政府建设主管部门申请领取施工许可证。[单选]
   A. 建设单位   B. 施工单位
   C. 监理单位   D. 建设单位及施工单位

10. 【刷重点】在城市规划区内以划拨方式提供国有土地使用权的建设工程，建设单位在办理用地批准手续前，必须先取得该工程的（　　）。[单选]
    A. 施工许可证   B. 建设工程规划许可证
    C. 质量安全报建手续   D. 建设用地规划许可证

11. 【刷基础】需要办理施工许可证的建设工程，建设行政主管部门应在收到建设单位申请之日起（　　）日内，对符合条件的申请颁发施工许可证。[单选]
    A. 7   B. 15
    C. 30   D. 45

12. 【刷重点】根据《建筑工程施工许可管理办法》，下列关于施工许可证的法定批准条件的说法，正确的有（　　）。[多选]
    A. 工程质量监督手续应在领取施工许可证前办理
    B. 依法应当办理用地批准手续的，已经办理该建筑工程用地批准手续
    C. 施工场地已经基本具备施工条件，需要征收房屋的，应全部征收完毕
    D. 施工图设计文件已按规定审查合格
    E. 建设工程所需投资已经全部到位

13. 【刷重点】根据《建筑工程施工许可管理办法》，建设单位申请施工许可证时应具备的条件有（　　）。[多选]
    A. 有保证工程质量和安全的具体措施
    B. 已经取得建设工程规划许可证

C. 提供建设资金已经落实承诺书
D. 已确定建筑施工企业
E. 已确定工程监理企业

考点 3 延期开工、核验和重新办理批准

14. 【刷重点】根据《建筑法》，下列关于施工许可证期限的说法，正确的是（　　）。[单选]
    A. 应当自领取施工许可证之日起 2 个月内开工
    B. 既不开工又不申请延期或者超过延期时限的，施工许可证自行废止
    C. 可以延期，但只能延期一次
    D. 延期以两次为限，每次不超过 2 个月

15. 【刷难点】根据《建筑法》，下列情形中，符合施工许可证办理和报告制度的是（　　）。[单选]
    A. 某工程因故延期开工，向发证机关报告后施工许可证自动延期
    B. 某工程因地震中止施工，1 年后向发证机关报告
    C. 某工程因洪水中止施工，1 个月内向发证机关报告，2 个月后自行恢复施工
    D. 某工程因政府宏观调控停建，1 个月内向发证机关报告，1 年后恢复施工前报发证机关核验施工许可证

16. 【刷基础】建设工程因故中止施工 1 年的，恢复施工时，该建设单位应当（　　）。[单选]
    A. 报发证机关核验施工许可证   B. 重新领取施工许可证
    C. 向发证机关报告   D. 向发证机关备案

17. 【刷重点】根据《建筑法》，下列关于领取施工许可证后中止施工的规定的说法，正确的是（　　）。[单选]
    A. 因故中止施工的，施工单位应当自中止施工之日起 1 个月内，向发证机关报告
    B. 建筑工程中止施工 6 个月，可自行恢复施工
    C. 中止施工满 1 年，恢复施工前，应当报发证机关重新领取施工许可证
    D. 某工程因不可抗力中止施工，应在 1 个月内向发证机关报告

18. 【刷基础】下列关于施工许可证有效期的说法，正确的有（　　）。[多选]
    A. 自领取施工许可证之日起 3 个月内不能按期开工的，应当申请延期
    B. 施工许可证延期以 1 次为限，且不超过 6 个月
    C. 施工许可证延期以 2 次为限，每次不超过 3 个月
    D. 因故中止施工的，应当自中止施工之日起 1 个月内向施工许可证发证机关报告
    E. 中止施工满 6 个月以上的工程恢复施工前，应当报施工许可证发证机关核验

参考答案

1. ABC	2. B	3. C	4. B	5. D	6. C
7. A	8. CE	9. A	10. D	11. A	12. BD
13. ACD	14. B	15. D	16. A	17. D	18. ACD

- 微信扫码查看本章解析
- 领取更多学习备考资料

考试大纲　　考前抢分

学习总结

第四章 建设工程发承包法律制度

第一节 建设工程发承包的一般规定

考点1 建设工程总承包

1. 【刷基础】分包工程发生质量、安全、进度等问题给建设单位造成损失的,下列关于承担方的说法,正确的是（　　）。[单选]
   A. 分包单位只按照分包合同对总承包单位负责
   B. 建设单位只能向给其造成损失的分包单位主张权利
   C. 总承包单位赔偿金额超过其应承担份额的,有权向有责任的分包单位追偿
   D. 建设单位与分包单位无合同关系,无权向分包单位主张权利

2. 【刷难点】某建设工程总承包单位在征得建设单位同意之后将部分非主体工程分包给一家具有相应资质条件的施工单位。下列关于该分包行为的说法,正确的是（　　）。[单选]
   A. 该行为无效
   B. 该总承包单位就分包工程质量和安全对建设单位承担连带责任
   C. 建设单位必须与分包施工单位重新签订分包合同
   D. 建设单位必须重新为分包工程办理施工许可证

3. 【刷重点】根据《建筑法》,下列关于工程发承包的说法,正确的有（　　）。[多选]
   A. 发包单位应当将建筑工程的勘察、设计、施工、设备采购一并发包给一个工程总承包单位
   B. 发包单位不得指定承包单位购入用于工程的建筑材料
   C. 联合体各方按联合体协议约定分别承担合同责任
   D. 禁止承包单位将其承包的全部建筑工程转包他人
   E. 建筑工程主体结构的施工必须由总承包单位自行完成

4. 【刷难点】下列关于工程总承包单位责任的说法,正确的有（　　）。[多选]
   A. 工程总承包单位对其承包的全部建设工程质量负责
   B. 工程总承包单位有权以其与分包单位之间的保修责任划分拒绝履行保修责任
   C. 工程总承包单位对承包范围内工程的安全生产负总责
   D. 工程总承包单位应当依据合同对工期全面负责
   E. 分包单位不服从总包单位安全生产管理导致生产安全事故的,免除总承包单位的安全责任

考点2 建设工程分包

5. 【刷重点】关于转包、分包的规定,下列说法错误的是（　　）。[单选]
   A. 禁止承包单位将其承包的全部建筑工程转包给他人
   B. 禁止承包单位将其承包的全部建筑工程肢解以后以分包的名义分别转包给他人
   C. 分包单位按照分包合同的约定对总承包单位负责
   D. 建筑工程总承包单位按照总承包合同的约定对分包单位负责

6. 【刷基础】根据《建筑工程施工发包与承包违法行为认定查处管理办法》,下列分包的情

形中，属于违法分包的有（　　）。[多选]
A. 总承包单位将部分工程分包给不具有相应资质的单位
B. 经建设单位认可，施工总承包单位将专业工程分包给有相应资质的劳务分包企业
C. 施工企业将其承包的全部工程转给其他单位施工的
D. 专业分包单位将其承包的专业工程中非劳务作业部分再分包
E. 施工总承包单位将承包工程的主体结构分包给了具有先进技术的其他单位

第二节　建设工程招标投标制度

考点1　建设工程法定招标的范围

7. 【刷重点】根据《必须招标的工程项目规定》，国有资金投资的项目，必须进行招标的是（　　）的项目。[单选]
A. 施工单项合同估算价为 300 万元　　B. 设计单项合同估算价为 80 万元
C. 监理单项合同估算价为 50 万元　　D. 工程设备采购单项合同估算价为 200 万元

8. 【刷基础】根据《必须招标的基础设施和公用事业项目范围规定》，大型基础设施、公用事业等关系社会公共利益、公众安全的项目，必须招标的具体范围包括（　　）。[多选]
A. 煤炭、石油、天然气、电力、新能源等能源基础设施项目
B. 电信枢纽、通信信息网络等通信基础设施项目
C. 生态环境保护项目
D. 防洪、灌溉、排涝、引（供）水等水利基础设施项目
E. 城市轨道交通等城建项目

9. 【刷基础】根据《招标投标法实施条例》，下列可以不招标的情形有（　　）。[多选]
A. 需要采用特殊的专利
B. 受自然环境限制，只有少量潜在投标人可供选择的
C. 采购人依法能够自行建设的
D. 招标费用占项目合同金额的比例过大的
E. 需要向原中标人采购工程、货物或者服务，否则将影响施工或者功能配套要求

考点2　建设工程招标方式

10. 【刷基础】根据《招标投标法实施条例》，下列关于两阶段招标的说法，正确的是（　　）。[单选]
A. 对技术复杂的项目，招标人应当分两阶段进行招标
B. 第一阶段，投标人按照招标文件的要求提交不带报价的技术建议
C. 第二阶段，投标人按照招标文件的要求提交包括最终技术方案和投标报价的投标文件
D. 实施两阶段招标，招标人要求投标人提交投标保证金的，应当在第一阶段提出

11. 【刷基础】下列施工项目中，属于经批准可以采用邀请招标方式发包的有（　　）。[多选]
A. 受自然环境限制的项目
B. 涉及国家安全、国家秘密的项目而不适宜招标的项目
C. 施工主要技术需要使用某项特定专利的项目
D. 技术复杂，仅有几家投标人满足条件的项目
E. 公开招标费用与项目的价值相比不值得的项目

12. 【刷重点】根据《招标投标法实施条例》，国有资金占控股或者主导地位的依法必须进行

招标的项目,可以邀请招标的有（　　）。[多选]
A. 技术复杂,只有少量潜在投标人可供选择的项目
B. 国务院发展改革部门确定的国家重点项目
C. 受自然环境限制,只有少量潜在投标人可供选择的项目
D. 采用公开招标方式的费用占项目合同金额的比例过大的项目
E. 省、自治区、直辖市人民政府确定的地方重点项目

考点3　招标基本程序

13. 【刷基础】根据《招投标法实施条例》,按照国家有关规定需要履行项目审批的依法进行招标的项目,其（　　）应当报项目审批核准。[单选]
A. 招标范围、招标文件、招标组织形式
B. 招标范围、招标文件、招标方式
C. 招标范围、招标方式、招标组织形式
D. 招标方式、招标组织形式、招标代理机构

14. 【刷重点】某施工项目招标文件开始出售的时间为8月20日,停止出售的时间为8月25日,提交投标文件的截止时间为9月20日,评标结束的时间为9月25日,则投标有效期开始的时间为（　　）。[单选]
A. 8月20日　　　　　　　　　　B. 8月25日
C. 9月20日　　　　　　　　　　D. 9月25日

15. 【刷重点】下列关于招标文件的说法,正确的是（　　）。[单选]
A. 招标人可以在招标文件中设定最高投标限价和最低投标限价
B. 潜在招标人对招标文件有异议的,应当在投标截止时间15日前提出
C. 招标人应当在招标文件中载明投标有效期,投标有效期从提交投标文件的截止之日算起
D. 招标人对已经发出的招标文件进行必要的澄清的,应当在投标截止时间至少10日之前,通知所有获取招标文件的潜在投标人

16. 【刷重点】下列关于招标文件澄清或者修改的说法,正确的是（　　）。[单选]
A. 招标人不可以对已发出的招标文件进行修改
B. 澄清或者修改的内容可能影响投标文件编制的,招标人应在投标截止时间至少15日前澄清或者修改
C. 澄清或者修改可以口头形式通知所有获取招标文件的潜在投标人
D. 澄清或者修改通知至投标截止时间不足15日的,在征得全部投标人同意后,可按原投标截止时间开标

17. 【刷难点】关于资格预审,下列说法正确的是（　　）。[单选]
A. 依法必须进行招标的项目提交资格预审申请文件的时间,自资格预审文件停止发售之日起不得少于3日
B. 通过资格预审的申请人少于5个的,应当重新招标
C. 资格预审不合格的投标文件应当拒收
D. 对资格预审文件有异议的,应当在提交资格预审申请文件截止时间10日前提出

18. 【刷重点】根据《招标投标法实施条例》，下列关于招标的说法，正确的有（　　）。[多选]
   A. 资格预审文件或者招标文件的发售期不得少于 7 日
   B. 潜在投标人对招标文件有异议的，应当在投标截止时间 15 日前提出
   C. 招标人可以自行决定是否编制标底
   D. 招标人不得组织部分潜在投标人踏勘工程现场
   E. 招标人应当合理确定提交资格预审申请文件的时间

▶ 考点 4　开标和评标

19. 【刷基础】下列关于开标的说法，正确的是（　　）。[单选]
   A. 投标人少于 5 个的，不得开标
   B. 投标人对开标有异议的，应当在开标结束后另行提出
   C. 开标应当由招标代理机构主持
   D. 招标人应当按照招标文件规定的时间、地点开标

20. 【刷重点】下列关于评标的说法，正确的是（　　）。[单选]
   A. 评标委员会可以向招标人征询确定中标人的意向
   B. 招标项目设有标底的，可以投标报价是否接近标底作为中标条件
   C. 评标委员会成员拒绝在评标报告上签字的，视为不同意评标结果
   D. 投标文件中有含义不明确的内容、明显文字或计算错误的，评标委员会可以要求投标人作出必要澄清、说明

21. 【刷难点】根据《招标投标法》和相关法律法规，下列评标委员会的做法，正确的有（　　）。[多选]
   A. 以所有投标都不符合招标文件的要求为由，否决所有投标
   B. 评标委员会确定的中标候选人最多 3 个，并标明顺序
   C. 投标文件中有含义不明确的内容的，评标委员会可以口头要求投标人作出必要澄清、说明
   D. 在评标报告中注明评标委员会成员对评标结果的不同意见
   E. 评标委员会成员的名单可在开标前予以公布

22. 【刷重点】根据《招标投标法实施条例》，下列情形评标委员会应当否决投标的有（　　）。[多选]
   A. 投标人未按照招标文件要求提交投标保证金
   B. 投标文件逾期送达或者未送达指定地点
   C. 投标文件未按招标文件要求密封
   D. 投标文件无单位盖章并无单位负责人签字
   E. 联合体投标未附联合体各方共同投标协议

▶ 考点 5　投标人

23. 【刷基础】下列关于投标人的说法，正确的是（　　）。[单选]
   A. 投标人不再具备资格预审文件、招标文件规定的资格条件的，其投标无效
   B. 单位负责人为同一人的不同单位，可以参加同一标段的投标
   C. 存在控股关系的不同单位，可以参加未划分标段的同一招标项目的投标
   D. 投标人发生合并、分立的，其投标无效

24. 【难点】下列关于联合体投标的说法，正确的有（　　）。[多选]
   A. 联合体投标一般用于大型的且结构复杂的建设项目
   B. 联合体中标的，联合体各方就中标项目向招标人承担连带责任
   C. 联合体中标的，联合体各方应分别与招标人签订合同
   D. 资格预审后联合体增减、更换成员的，其投标无效
   E. 联合体各方可以在同一招标项目中以自己名义单独投标

25. 【基础】下列关于共同投标协议的说法，错误的有（　　）。[多选]
   A. 共同投标协议要明确约定各方在中标后要承担的工作范围和责任，就中标项目向招标人承担连带责任
   B. 没有附联合体各方共同投标协议的联合体投标应被否决投标
   C. 共同投标协议应当在提交投标文件前10天提交招标人
   D. 资格预审后联合体增减、更换成员的与原成员具有同样的资质和能力，其投标有效
   E. 所有的项目，只要达成共同投标协议，都可以组成联合体投标

▶考点6 投标文件

26. 【基础】下列关于投标文件的送达和接收的说法，正确的是（　　）。[单选]
   A. 投标文件逾期送达的，可以推迟开标
   B. 投标人少于3个的，招标人应当依法重新招标
   C. 招标人签收投标文件后，特殊情况下，经批准可以在开标前开启投标文件
   D. 未按招标文件要求密封的投标文件，招标人可以拒收

27. 【重点】下列关于投标文件撤回和撤销的说法，正确的是（　　）。[单选]
   A. 投标人撤回已提交的投标文件，应当在投标截止时间前通知招标人
   B. 投标人可以选择电话或书面方式通知招标人撤回投标文件
   C. 招标人收取的投标保证金，应当自收到投标人撤回通知之日起10日内退还
   D. 投标截止时间后投标人撤销投标文件的，招标人应当退还投标保证金

28. 【重点】下列关于投标文件的说法，正确的有（　　）。[多选]
   A. 对未通过资格预审的申请人提交的投标文件，招标人应当签收保存，不得开启
   B. 投标人在招标文件要求提交投标文件的截止时间前，可以补充、修改或者撤回已提交的投标文件，并书面通知招标人
   C. 在招标文件要求提交投标文件的截止时间后送达的投标文件，招标人应当拒收
   D. 投标人提交的投标文件中的投标报价可以低于工程成本
   E. 投标文件应当对招标文件提出的实质性要求与条件作出响应

29. 【基础】下列文件中，属于投标文件内容的有（　　）。[多选]
   A. 投标邀请书   B. 投标函及其附录
   C. 施工组织设计   D. 项目管理机构
   E. 法定代表人身份证明

▶考点7 投标保证金

30. 【基础】根据《招标投标法实施条例》，下列关于投标保证金的说法，正确的是（　　）。[单选]
   A. 投标保证金有效期应当与投标有效期一致

B. 投标保证金不得超过招标项目估算价的 5%
C. 实行两阶段招标的，招标人要求投标人提交投标保证金的，应当在第一阶段提出
D. 投标保证金应当在书面合同签订后 15 日内退还

31. 【难点】某工程施工招标项目估算价为 5 000 万元，其投标保证金不得超过（　　）万元。[单选]
    A. 80   B. 100   C. 150   D. 200

32. 【难点】2023 年 6 月 13 日甲公司进行招标，经过投标评标，最后乙建筑公司中标；在 2023 年 7 月 15 日甲公司与乙公司签订了合同，则甲公司应当在（　　）之前，将未中标投标人的投标保证金退还。[单选]
    A. 2023 年 7 月 20 日   B. 2023 年 7 月 10 日
    C. 2023 年 7 月 25 日   D. 2023 年 8 月 1 日

▶ 考点 8　禁止相互串通投标及其他不正当竞争

33. 【基础】根据《招标投标法实施条例》，下列情形中，属于不同投标人之间相互串通投标情形的是（　　）。[单选]
    A. 约定部分投标人放弃投标或者中标   B. 投标文件相互混装
    C. 投标文件载明的项目经理为同一人   D. 委托同一单位或个人办理投标事宜

34. 【重点】下列情形之中，视为投标人相互串通投标的有（　　）。[多选]
    A. 互相借用投标保证金   B. 投标文件由同一单位编制
    C. 投保证金从同一单位账户转出   D. 投标文件出现异常一致
    E. 有相同的类似工程业绩

35. 【难点】招标人与投标人串通投标的情形有（　　）。[多选]
    A. 招标人在开标前开启投标文件并将有关信息泄露给其他投标人
    B. 招标人直接或间接向投标人泄露标底、评标委员会成员等信息
    C. 招标人明示或者暗示投标人为特定投标人中标提供方便
    D. 投标人在开标后撤销投标文件，与招标人协商退还投标保证金
    E. 招标人分别组织投标人踏勘现场

36. 【难点】根据《招标投标法实施条例》，下列投标人的行为中，属于弄虚作假行为的有（　　）。[多选]
    A. 使用伪造、变造的许可证件   B. 投标人之间协商投标报价
    C. 不同投标人的投标文件相互混装   D. 投标人之间约定部分投标人放弃中标
    E. 提供虚假的财务状况

▶ 考点 9　中标的法定要求

37. 【基础】下列关于中标的表述，错误的是（　　）。[单选]
    A. 招标人不得授权评标委员会直接确定中标人
    B. 中标人确定后，招标人应当向中标人发出中标通知书
    C. 中标通知书对招标人和中标人具有法律效力
    D. 中标通知书发出后，招标人改变中标结果的，或者中标人放弃中标项目的，应当依法承担法律责任

38. 【刷重点】下列关于依法必须进行招标的项目公示中标候选人的说法，正确的是（   ）。[单选]
   A. 投标人或者其他利害关系人对评标结果有异议的，应当在中标候选人公示期间提出
   B. 招标人应当自收到评标报告之日起 5 日内公示中标候选人
   C. 公示期不得少于 5 日
   D. 招标人应当自收到异议之日起 3 日内作出答复，作出答复前，招标投标活动继续进行

39. 【刷重点】下列关于确定中标人的说法，正确的是（   ）。[单选]
   A. 招标人不得授权评标委员会直接确定中标人
   B. 排名第一的中标候选人放弃中标的，招标人必须重新招标
   C. 确定中标人选，招标人可以就投标价格与投标人进行谈判
   D. 国有资金占控股地位的依法必须进行招标的项目，招标人应当确定排名第一的中标候选人为中标人

40. 【刷难点】下列关于评标结果异议的说法，正确的是（   ）。[单选]
   A. 只有投标人有权对项目的评标结果提出异议
   B. 对评标结果有异议，应当在中标候选人公示期间提出
   C. 招标人对评标结果的异议作出答复前，招标投标活动继续进行
   D. 对评标结果异议不是对评标结果投诉必然的前置条件

41. 【刷难点】在某政府投资项目的招标人于 2022 年 8 月 1 日向中标人发出了中标通知书，双方于 2022 年 8 月 25 日签订了施工合同。根据相关法律规定，招标人应在（   ）前向有关部门提交招标投标情况的书面报告。[单选]
   A. 2022 年 8 月 15 日   B. 2022 年 8 月 30 日
   C. 2022 年 9 月 10 日   D. 2022 年 9 月 25 日

42. 【刷重点】根据《招标投标法》，下列关于开标、评标、中标和合同订立的说法，正确的有（   ）。[多选]
   A. 开标应当在招标文件确定的提交投标文件截止时间的同一时间公开进行
   B. 评标由招标人依法组建的评标委员会负责
   C. 中标通知书对招标人和中标人具有法律效力
   D. 评标委员会应当提出书面评标报告并确定中标人
   E. 招标人和中标人不得再行订立背离合同实质性内容的其他协议

考点 10　招标投标投诉与处理

43. 【刷基础】投标人对开标投诉的，依法应当先向（   ）提出异议。[单选]
   A. 评标委员会   B. 招标人
   C. 纪律检查委员会   D. 有关行政监督部门

44. 【刷重点】下列关于行政监督部门处理招标投标活动投诉的说法，错误的是（   ）。[单选]
   A. 投诉人就同一事项向两个以上有权受理的行政监督部门投诉的，由最先收到投诉的行政监督部门负责处理
   B. 行政监督部门不得责令暂停招标投标活动
   C. 行政监督部门处理投诉，有权查阅、复制有关文件资料

D. 行政监督部门应当自收到投诉之日起 3 个工作日内决定是否受理投诉

第三节 非招标采购制度

考点 1 竞争性谈判

45.【刷基础】根据《政府采购法》,政府采购应采用的主要方式是（　　）。[单选]
　　A. 询价　　　　　　　　　　　　B. 竞争性谈判
　　C. 邀请招标　　　　　　　　　　D. 公开招标

46.【刷基础】政府采购工程没有投标人投标的,应（　　）。[单选]
　　A. 邀请招标　　　　　　　　　　B. 竞争性谈判
　　C. 单一来源　　　　　　　　　　D. 框架协议采购

47.【刷基础】谈判小组由采购人的代表和有关专家共（　　）人以上的单数组成,其中专家的人数不得少于成员总数的（　　）。[单选]
　　A. 2；2/3　　　　　　　　　　　B. 3；2/3
　　C. 3；1/3　　　　　　　　　　　D. 2；2/3

48.【刷重点】下列关于竞争性谈判的说法,正确的是（　　）。[单选]
　　A. 采用招标所需时间不能满足用户需要的可以采取竞争性谈判
　　B. 竞争性谈判的采购标的可以是货物、工程和服务
　　C. 谈判小组由采购人的代表和有关专家共 5 人以上的单数组成
　　D. 为节省采购时间和费用,谈判小组成员可分别与单一供应商进行谈判

49.【刷难点】关于竞争性谈判的采购程序,正确的是（　　）。[单选]
　　A. 制定谈判文件—成立谈判小组—确定供应商名单—谈判—确定成交供应商
　　B. 制定谈判文件—确定供应商名单—成立谈判小组—谈判—确定成交供应商
　　C. 成立谈判小组—制定谈判文件—确定供应商名单—谈判—确定成交供应商
　　D. 成立谈判小组—确定供应商名单—制定谈判文件—谈判—确定成交供应商

50.【刷重点】下列项目中,适用于竞争性谈判采购方式的有（　　）。[多选]
　　A. 招标后没有供应商投标或者没有合格标的或者重新招标未能成立的
　　B. 采用招标所需时间不能满足用户紧急需要的
　　C. 只能从有限范围的供应商处采购的
　　D. 技术复杂或者性质特殊,不能确定详细规格或者具体要求的
　　E. 不能事先计算出价格总额的

考点 2 询价

51.【刷基础】采购的货物规格标准统一、现货充足且价格变化幅度小的政府采购形式是（　　）。[单选]
　　A. 框架协议采购　　　　　　　　B. 竞争性谈判
　　C. 单一来源采购　　　　　　　　D. 询价

52.【刷基础】询价小组根据采购需求,从符合相应资格条件的供应商名单中确定不少于（　　）家的供应商,并向其发出询价通知书让其报价。[单选]
　　A. 2　　　　　　　　　　　　　　B. 3
　　C. 4　　　　　　　　　　　　　　D. 5

53.【刷难点】采取询价方式采购的,应当遵循的程序包括( )。[多选]
  A. 制定询价文件
  B. 成立询价小组
  C. 确定被询价的供应商名单
  D. 询价
  E. 确定成交供应商

▶ 考点3 单一来源采购

54.【刷基础】采购人从某一特定供应商处采购货物、工程和服务的采购方式是( )。[单选]
  A. 协议采购
  B. 询价
  C. 单一来源采购
  D. 竞争性谈判

55.【刷重点】下列情形的货物或者服务,可以采用单一来源方式采购的有( )。[多选]
  A. 不能事先计算出价格总额的
  B. 发生了不可预见的紧急情况,不能从其他供应商处采购的
  C. 只能从唯一供应商处采购的
  D. 发生了不可预见的紧急情况不能从其他供应商处采购的
  E. 必须保证原有采购项目的一致性或者服务配套的要求,需要继续从原供应商处添购,且添购资金总额不超过原合同采购金额10%的

56.【刷难点】某通过招投标订立的政府采购合同金额为200万元,合同履行过程中需要继续从原供应商处添购与合同标的相同的货物,在其他合同条款不变且添购合同金额最高不超过( )万元时,可以签订补充合同采购。[单选]
  A. 10
  B. 20
  C. 40
  D. 50

▶ 考点4 框架协议采购

57.【刷基础】货物项目框架协议有效期一般不超过( )年,服务项目框架协议有效期一般不超过( )年。[单选]
  A. 2;3
  B. 1;2
  C. 1;3
  D. 2;4

58.【刷重点】封闭式框架协议采购程序,确定第一阶段入围供应商,其评审方法包括( )。[多选]
  A. 价格优先法
  B. 综合评分法
  C. 质量优先法
  D. 最低评审价法
  E. 比较分析法

59.【刷基础】封闭式框架协议采购确定第二阶段成交供应商的主要方式是( )。[单选]
  A. 直接选定
  B. 二次竞价
  C. 顺序轮候
  D. 比例分配

参考答案

1. C	2. B	3. BDE	4. ACD	5. D	6. ABDE
7. D	8. ABDE	9. CE	10. C	11. DE	12. ACD
13. C	14. C	15. C	16. B	17. C	18. CDE
19. D	20. D	21. ABD	22. ADE	23. A	24. BD
25. CDE	26. B	27. A	28. BCE	29. BCDE	30. A
31. A	32. A	33. A	34. BCD	35. ABC	36. AE
37. A	38. A	39. D	40. B	41. A	42. ABCE
43. B	44. B	45. D	46. B	47. B	48. B
49. C	50. ABDE	51. D	52. B	53. BCDE	54. C
55. CDE	56. B	57. B	58. AC	59. A	

- 微信扫码查看本章解析
- 领取更多学习备考资料

考试大纲 考前抢分

学习总结

第五章 建设工程合同法律制度

第一节 合同的基本规定

考点1 合同的形式和内容

1. 【刷基础】下列关于合同形式的说法，正确的是（　　）。[单选]
   A. 书面形式是主要的合同形式
   B. 当事人的行为可以构成默示合同
   C. 电子数据交换、电子邮件等方式视为其他形式
   D. 建设工程合同可以采用书面形式

2. 【刷重点】下列关于承包人的主要义务的说法，错误的是（　　）。[单选]
   A. 承包人不得转包和违法分包工程　　B. 承包人应自行完成建设工程主体结构施工
   C. 承包人应提供必要施工条件　　　　D. 承包人应接受发包人有关检查

3. 【刷基础】建设工程施工合同中，承包人的主要义务有（　　）。[多选]
   A. 自行完成建设工程主体结构施工　　B. 及时验收隐蔽工程
   C. 提供必要的施工条件　　　　　　　D. 交付竣工验收合格的建设工程
   E. 无偿修理质量不合格的建设工程

考点2 有效合同

4. 【刷基础】根据《民法典》，依法成立的合同，自（　　）生效。[单选]
   A. 签订时　　　　　　　　　　　　　B. 期限届至时
   C. 成立时　　　　　　　　　　　　　D. 审核合格后

5. 【刷重点】根据《民法典》，合同有效的要件有（　　）。[多选]
   A. 行为人具有相应的民事行为能力　　B. 不超越经营范围
   C. 意思表示真实　　　　　　　　　　D. 不违反法律、行政法规的强制性规定
   E. 不违背公序良俗

6. 【刷难点】下列关于合同效力的说法，错误的是（　　）。[单选]
   A. 未办理批准等手续影响合同生效的，不影响合同中履行报批等义务条款的效力
   B. 限制民事行为能力人实施的纯获利益的民事法律行为有效
   C. 限制民事行为能力人订立的合同有效
   D. 无民事行为能力人订立的合同无效

考点3 无效合同

7. 【刷难点】甲公司将施工机械借给乙公司使用，乙公司在甲公司不知情的情况下将该施工机械卖给知悉上述情况的丙公司，下列关于乙、丙公司之间施工机械买卖合同效力的说法，正确的是（　　）。[单选]
   A. 有效　　　　B. 可变更或撤销　　　C. 无效　　　　D. 效力待定

8. 【刷重点】甲、乙于5月6日签订一份施工合同。合同履行过程中，双方于6月6日发生争议，甲于7月20日单方要求解除合同。乙遂向法院提起诉讼，法院于8月30日判定该合同无效，则此合同自（　　）无效。[单选]
   A. 5月6日　　　B. 6月6日　　　C. 7月20日　　　D. 8月30日

9. 【刷重点】根据《民法典》，下列属于无效民事法律行为的有（　　）。[多选]
   A. 限制行为能力人实施的民事法律行为
   B. 行为人与相对人以虚假的意思表示实施的民事法律行为
   C. 违反法律、行政法规、部门规章强制性规定的民事法律行为
   D. 违背公序良俗的民事法律行为
   E. 行为人与相对人恶意串通，损害他人合法权益的民事法律行为

10. 【刷重点】下列关于无效合同特征的说法，正确的有（　　）。[多选]
    A. 从确认合同无效之日起无效
    B. 合同可以全部无效，也可以部分无效
    C. 合同无效，不影响合同中解决争议条款的效力
    D. 当事人可以通过追认使其生效
    E. 法院和仲裁机构可以审查决定该合同是否无效

考点4 效力待定合同

11. 【刷重点】根据《民法典》规定，下列关于限制民事行为能力人订立合同的表述，错误的是（　　）。[单选]
    A. 效力待定
    B. 经法定代理人追认有效
    C. 相对人催告法定代理人追认，法定代理人未作表示的，视为追认
    D. 纯获利益的合同无须法定代理人追认

12. 【刷难点】甲公司总承包了某建设工程施工任务，其将装饰工程分包给了乙公司，乙以甲的名义与丙公司签订了材料供货合同。随后丙催告甲在一个月内予以追认，而甲未作表示。对此，下列说法正确的是（　　）。[单选]
    A. 在甲未追认合同之前，丙有撤销合同的权利
    B. 合同已经生效，甲应当履行合同
    C. 甲对乙丙签约行为未明确反对，视为同意
    D. 乙的行为构成表见代理

考点5 可撤销合同

13. 【刷基础】对于可撤销的合同，当事人受胁迫，自胁迫行为终止之日起（　　）年内行使撤销权。[单选]
    A. 1　　　　　　B. 2　　　　　　C. 3　　　　　　D. 4

14. 【刷基础】当事人可以请求人民法院或仲裁机构撤销合同的情形有（　　）。[多选]
    A. 代理人超越代理权订立的合同
    B. 因重大误解而订立的合同
    C. 造成对方人身伤害、财产损失可以免责的合同
    D. 以合法形式掩盖非法目的合同

E. 在订立合同时显失公平的合同

考点6 违约责任及违约责任的免除

15. 【基础】下列关于违约责任免除的说法，正确的是（　　）。[单选]
    A. 合同中约定造成对方人身损害的免责条款有效
    B. 发生不可抗力后，必然导致全部责任的免除
    C. 迟延履行后发生不可抗力的，不免除责任
    D. 因不可抗力不能履行合同，不用通知对方

16. 【难点】甲乙签订总价100万元的买卖合同，双方约定：甲向乙交纳10万元定金，货到付款；如一方违约，向对方支付15万元违约金。甲如约交付了定金。合同履行中，乙不能按期交货构成违约，双方解除合同，则乙最多向甲支付（　　）万元。[单选]
    A. 15 　　　　　　　　　B. 20
    C. 25 　　　　　　　　　D. 30

17. 【难点】某项目设计费用为100万元，合同约定违约金为12%，发包方支付了10万元定金后，设计方未开展设计工作，导致发包方损失15万元，发包方最多可获得支持的价款为（　　）万元。[单选]
    A. 24 　　　　　　　　　B. 22
    C. 25 　　　　　　　　　D. 37

18. 【基础】下列责任形式中，属于违约责任承担方式的有（　　）。[多选]
    A. 继续履行 　　　　　　B. 冻结财产
    C. 赔偿损失 　　　　　　D. 定金
    E. 支付违约金

19. 【难点】下列违约责任承担方式可以并用的有（　　）。[多选]
    A. 赔偿损失与继续履行 　B. 继续履行与解除合同
    C. 定金与支付违约金 　　D. 赔偿损失与修理、重作、更换
    E. 违约金与解除合同

20. 【基础】设计合同中定金条款约定发包人向设计人支付设计费的20%作为定金，则该定金自（　　）之日起生效。[单选]
    A. 合同签字盖章 　　　　B. 实际交付
    C. 发包人完成设计任务书审批 　D. 设计人收到发包人设计基础资料

21. 【重点】下列关于定金合同的说法，正确的是（　　）。[单选]
    A. 收受定金的一方不履行约定的债务的，应当返还定金
    B. 定金合同不需要采取书面形式，只需交付即可
    C. 定金的数额由当事人约定，但不得超过主合同标的额的25%
    D. 定金合同从实际交付定金之日起生效

22. 【难点】甲施工企业与乙建筑材料公司订立了建筑材料买卖合同，合同总价款为300万元，双方约定定金为80万元。合同订立后，甲仅向乙交付了75万元定金。下列关于本案中定金的说法，正确的是（　　）。[单选]
    A. 定金合同自合同订立时成立
    B. 甲应当补交合同定金5万元

C. 如果乙违约，应退还给甲定金 150 万元
D. 定金数额视为变更为 75 万元

23. 【刷难点】甲建设单位与乙设计单位签订设计合同，约定设计费为 200 万元，甲按约定支付定金 50 万元。如果乙在规定期限内不履行设计合同，应该返还给甲（　　）万元。[单选]
A. 50　　　　　　　　　　　　　　　B. 80
C. 90　　　　　　　　　　　　　　　D. 100

第二节　建设工程施工合同的规定

考点 1　建设工程工期

24. 【刷基础】建设项目完工后，施工企业已提交竣工验收报告，如建设单位未组织竣工验收，当事人对建设工程实际竣工日期有争议的，该项目的竣工日期（　　）。[单选]
A. 相应顺延
B. 以施工企业提交竣工验收报告之日为准
C. 以合同约定的计划竣工日期为准
D. 以实际通过竣工验收之日为准

25. 【刷难点】某工程施工合同中约定 2020 年 11 月 20 日竣工，并 1 个月内交付给发包方使用，但是施工过程中由于承包方管理不善，造成工程拖期 3 个月，发包方在合同约定的竣工日期后 2 个月时，未经验收直接使用和占有了该工程，因此，该工程的竣工日期为（　　）。[单选]
A. 2020 年 11 月 20 日　　　　　　　B. 2020 年 12 月 20 日
C. 2021 年 1 月 20 日　　　　　　　　D. 2021 年 2 月 20 日

考点 2　工程价款的支付

26. 【刷基础】下列建筑工程中，应采用成本加酬金方式确定合同价款的是（　　）。[单选]
A. 实行工程量清单计价的建筑工程
B. 采用的技术成熟，但工程量暂不确定的建筑工程
C. 紧急抢险、救灾建筑工程
D. 建设规模较小、技术难度较低、工期较短的建筑工程

27. 【刷难点】某施工合同约定，工程通过竣工验收后 2 个月内，结清所有工程款。2020 年 9 月 1 日工程通过竣工验收，但直到 2020 年 9 月 20 日施工企业将工程移交建设单位，之后建设单位一直未支付工程余款。2021 年 5 月 1 日，施工企业将建设单位起诉至人民法院，要求其支付工程欠款及利息。则利息起算日为（　　）。[单选]
A. 2020 年 9 月 21 日　　　　　　　B. 2020 年 11 月 21 日
C. 2021 年 5 月 2 日　　　　　　　　D. 2020 年 11 月 2 日

28. 【刷重点】根据《最高人民法院关于审理建设工程施工合同纠纷案件适用法律问题的解释（一）》，当事人对付款时间没有约定或者约定不明的，下列时间视为应付款时间的是（　　）。[单选]
A. 建设工程未交付，工程价款也未结算的，为当事人起诉之日
B. 建设工程已实际交付的，为竣工验收合格之日
C. 建设工程已实际交付的，为提交竣工结算文件之日
D. 建设工程未交付的，为竣工结算完成之日

29. 【刷基础】根据《建筑工程施工发包与承包计价管理办法》对实行工程量清单计价的建筑工程，鼓励发承包双方所采用的计价方式是（　　）。[单选]
   A. 总价方式
   B. 定额方式
   C. 单价方式
   D. 成本加酬金方式

30. 【刷基础】下列款项中，属于承包人行使建设工程价款优先受偿权应当包含的内容是（　　）。[单选]
   A. 发包人欠付工程价款的利息
   B. 承包人工作人员的报酬
   C. 承包人要求发包人支付的违约金
   D. 承包人因发包人违约产生的损失

31. 【刷重点】下列关于建设工程价款优先受偿权的说法，正确的是（　　）。[单选]
   A. 优先受偿权的行使期限为6个月，自发包人应当给付建设工程价款之日起算
   B. 抵押权优先于优先受偿权
   C. 优先受偿权的范围包括逾期支付建设工程价款的违约金
   D. 优先受偿权可以约定放弃，但不得损害建筑工人利益

32. 【刷基础】根据《最高人民法院关于审理建设工程施工合同纠纷案件适用法律问题的解释（一）》，下列不属于承包人建设工程价款优先受偿权范围的有（　　）。[多选]
   A. 工程款利息
   B. 违约金
   C. 工程价款
   D. 损害赔偿金
   E. 机械租赁费

33. 【刷难点】根据《最高人民法院关于审理建设工程施工合同纠纷案件适用法律问题的解释（一）》，下列关于垫资的说法，正确的有（　　）。[多选]
   A. 当事人对垫资利息未作约定的，法院不予支持利息
   B. 政府投资项目不得由施工单位垫资建设
   C. 当事人对垫资没有约定，按照借款处理
   D. 当事人约定垫资利息的，其利率最高为同期银行贷款利率的4倍
   E. 当事人对垫资没有约定的，按照工程欠款处理

▶ 考点3 合同的变更

34. 【刷基础】下列关于合同变更的说法，正确的是（　　）。[单选]
   A. 原合同内容发生变化
   B. 非实质性条款的变更，无需双方当事人协商一致
   C. 合同变更的内容可以明确约定
   D. 发生了在订立合同时无法预见的重大变化，当事人可以直接申请变更合同

35. 【刷难点】甲乙双方签订了购货合同。在合同履行过程中，甲方得知乙方公司名称及其法定代表人均发生了变更，于是要求签订合同的变更协议，遭到乙方的拒绝。针对该情形，正确的是（　　）。[单选]
   A. 原合同已经终止
   B. 必须签订变更协议
   C. 合同主体未变更
   D. 合同内容已变更

考点 4　合同权利义务的转让

36. 【基础】合同权利转让未通知债务人，则（　　）。[单选]
    A. 转让合同无效　　　　　　　　B. 推定为未转让
    C. 抗辩权发生转移　　　　　　　D. 对债务人不发生效力

37. 【重点】下列关于合同权利转让的说法，正确的是（　　）。[单选]
    A. 债权人转让权利的通知可以撤销
    B. 债权人转让债权的，应当经债务人同意
    C. 债务人接到债权转让通知后，债务人对让与人的抗辩，可以向受让人主张
    D. 债权人转让权利的，受让人不能取得与债权有关的从权利

38. 【重点】下列合同债务中，可以转移的债务是（　　）。[单选]
    A. 提供了质押担保的借款合同中，借款人的部分债务
    B. 必须采用施工企业专有技术的施工合同中，施工企业的全部债务
    C. 委托监理合同中监理单位的主债务
    D. 施工合同中关于主体结构施工的债务

39. 【基础】根据《民法典》，债权人转让权利应该通知债务人，债权人转让权利的通知（　　）。[多选]
    A. 不得自行撤销
    B. 有权自行撤销
    C. 经受让人同意可以撤销
    D. 经债务人同意可以撤销
    E. 必须经各方协商一致才能撤销

考点 5　合同的终止

40. 【基础】根据《民法典》，允许单方解除合同的情形是（　　）。[单选]
    A. 由于不可抗力致使合同不能履行
    B. 法定代表人变更
    C. 当事人一方发生合并、分立
    D. 当事人一方违约

41. 【重点】下列关于施工合同解除的说法，正确的是（　　）。[单选]
    A. 合同约定的期限内承包人没有完工，发包人可以解除合同
    B. 发包人未按约定支付工程价款，承包人可以解除合同
    C. 承包人将承包的工程转包，发包人可以解除合同
    D. 承包人已经完工的建设工程质量不合格，发包人可以解除合同

42. 【基础】下列不属于法定解除合同的情形的有（　　）。[多选]
    A. 因不可抗力致使不能实现合同目的
    B. 在履行期限届满之前，当事人一方明确表示不履行主要债务
    C. 当事人一方迟延履行主要债务
    D. 当事人一方的违约行为致使不能实现合同目的
    E. 当事人一方明确表示不履行主要债务

第三节　相关合同制度

考点 1　买卖合同

43. 【基础】下列关于买卖合同法律特征的说法,正确的是（　　）。[单选]
   A. 买卖合同属于单务合同
   B. 买卖合同属于实践合同
   C. 买卖合同不以一方当事人交付标的物为合同成立的要件
   D. 买卖合同是一种转移财产使用权的合同

44. 【基础】下列关于出卖人交付标的物的说法,正确的是（　　）。[单选]
   A. 买受人代为保管其拒绝接收的多交部分标的物,出卖人可拒绝负担保管费用
   B. 出卖人应当按照通常的包装方式交付标的物
   C. 合同未约定检验期间的,买受人可以在任何时间检验标的物
   D. 约定交付期间的,出卖人可以在该期间内的任何时间内交付标的物

45. 【难点】甲将自己所有的一套设备卖给乙,但甲还想留用一段时间,遂又与乙达成协议,借用该设备一个月,乙表示应允。乙取得该套设备所有权的交付方法为（　　）。[单选]
   A. 简易交付　　　B. 占有改定　　　C. 指示交付　　　D. 拟制交付

46. 【基础】甲施工企业从乙公司购进一批水泥,乙公司为甲施工企业代办托运。在运输过程中,甲施工企业与丙公司订立合同将这批水泥转让丙公司,水泥在运输途中因山洪暴发火车出轨受到损失。该案中水泥的损失应由（　　）。[单选]
   A. 丙公司承担　　　　　　　　　B. 甲施工企业承担
   C. 乙公司承担　　　　　　　　　D. 甲施工企业和丙公司分担

47. 【重点】甲施工企业向乙机械设备公司购买了机械设备,并签订了买卖合同,合同约定乙将上述设备交由一家运输公司运输,但没有约定毁损风险的承担,则乙的主要义务有（　　）。[多选]
   A. 按合同约定交付机械设备　　　　B. 转移机械设备的所有权
   C. 承担机械设备运输过程中毁损的风险　　D. 机械设备的瑕疵担保
   E. 为机械设备购买运输保险

考点 2　借款合同

48. 【基础】下列关于借款合同利息的说法,错误的是（　　）。[单选]
   A. 借款的利息不可以预先在本金中扣除
   B. 对支付利息的期限没有约定的,可以协议补充
   C. 借款人提前返还借款利息的,应当按照借款合同约定的期间支付利息
   D. 未按照约定的期限返还借款的,应按约定支付逾期利息

49. 【重点】下列关于借款合同的说法,正确的有（　　）。[多选]
   A. 借款合同的标的物是作为一般等价交换物的货币
   B. 借款合同不得采用口头形式
   C. 自然人之间的借款合同对支付利息没有约定的,视为没有利息
   D. 借款的利息不得预先在本金中扣除
   E. 借款合同自贷款人提供借款时生效

考点3 保证合同

50. 【重点】《民法典》规定的保证合同的主要内容包括（　　）。[多选]
   A. 被保证的主债权种类、数额
   B. 债务人履行债务的方式
   C. 保证的期间
   D. 保证担保的范围
   E. 债务人履行债务的期限

51. 【难点】下列关于保证担保方式的说法，正确的有（　　）。[多选]
   A. 保证可分为一般保证和连带责任保证两种方式
   B. 当事人没有约定保证方式的，按连带责任承担保证责任
   C. 以公益为目的的事业单位不能作为保证人
   D. 连带责任保证的责任重于一般保证的责任
   E. 保证担保的范围仅限于违约金和损害赔偿金

52. 【难点】根据《民法典》，下列主体可以作为保证人的有（　　）。[多选]
   A. 某公司的职能部门
   B. 某市人民法院
   C. 某有限责任公司
   D. 自然人孙某
   E. 某建筑大学

考点4 租赁合同

53. 【基础】下列关于租赁合同的说法，正确的是（　　）。[单选]
   A. 租赁期限超过20年的，超过部分无效
   B. 租赁期限超过6个月的，可以采用书面形式
   C. 租赁合同应当采用书面形式，当事人未采用的，视为租赁合同未生效
   D. 租赁物在租赁期间发生所有权变动的，租赁合同解除

54. 【重点】下列关于租赁合同中承租人权利的说法，正确的有（　　）。[多选]
   A. 租赁期届满，承租人有继续承租的权利
   B. 租赁物危及承租人的安全或者健康的，承租人有权随时解除合同
   C. 租赁期限内，承租人有转租权
   D. 承租人有权根据需要对租赁物进行改善或者增设他物
   E. 出租人未履行维修义务的，承租人有权自行维修租赁物

55. 【难点】甲写字楼业主将部分房屋租赁给乙单位，并签订了房屋租赁合同，乙单位没有按约定到期支付租金，并在租赁房屋期间损坏了部分租赁物品。乙单位的主要义务有（　　）。[多选]
   A. 按约定支付租金
   B. 按约定方法使用租赁物
   C. 对损坏的租赁物品要按约定赔偿
   D. 对租赁物品的维修
   E. 可随意对租赁物品转租

考点5 承揽合同

56. 【基础】根据《民法典》，下列关于承揽合同的说法，正确的是（　　）。[单选]
   A. 承揽人不得将承揽的主要工作交由第三人完成
   B. 承揽人发现定作人提供的材料不符合约定的，可以自行更换
   C. 承揽人独立完成合同义务，不受定作人的指挥管理

D. 定作人不得中途变更承揽工作的要求

57. 【基础】根据《民法典》，下列关于定作人权利和义务的说法，正确的是（　　）。[单选]
   A. 定作人有权随时解除承揽合同，造成损失的应当赔偿
   B. 没有约定报酬支付期限的，定作人应当先行预付
   C. 报酬约定不清的，定作人有权拒付
   D. 因定作人提供的图纸不合理导致损失的，定作人与承揽人承担连带责任

58. 【重点】下列关于承揽合同解除的说法，正确的是（　　）。[单选]
   A. 定作人不履行协助义务致使承揽工作不能完成的，承揽人即可解除合同
   B. 承揽人将其承揽的主要工作交由第三人完成的，定作人可以解除合同
   C. 承揽人可以随时解除承揽合同，造成定作人损失的，应当承担赔偿责任
   D. 定作人可以随时解除承揽合同，造成承揽人损失的，应当承担赔偿责任

考点6 运输合同

59. 【基础】下列关于运输合同的说法，正确的是（　　）。[单选]
   A. 托运人违反包装规定的，承运人不得拒绝运输
   B. 货物在运输过程中因不可抗力灭失，已收取运费的，托运人不得要求返还
   C. 货物运输到达后，承运人知道收货人的，应当及时通知收货人
   D. 联运合同中，损失发生在同一区段的，仅由该区段的承运人向托运人承担责任

60. 【基础】下列关于货运合同法律特征的说法，正确的是（　　）。[单选]
   A. 货运合同是单务、有偿合同
   B. 货运合同的标的是货物
   C. 货运合同以托运人交付货物为合同成立的要件
   D. 货运合同的收货人可以不是订立合同的当事人

61. 【难点】某化工有限责任公司与某运输集团就化工原料运输签订了《货物运输合同》。合同中承运人的权利是（　　）。[单选]
   A. 任意变更运输线路权　　　　　B. 拒绝支付运费权
   C. 特殊情况下的货物留置权　　　D. 对货物的处置权

参考答案

1. B	2. C	3. ADE	4. C	5. ACDE	6. C
7. C	8. A	9. BDE	10. BCE	11. C	12. A
13. A	14. BE	15. C	16. C	17. C	18. ACDE
19. ADE	20. B	21. D	22. D	23. C	24. B
25. C	26. C	27. D	28. A	29. C	30. B
31. D	32. ABD	33. ABE	34. A	35. C	36. D
37. C	38. A	39. AC	40. A	41. C	42. CE
43. C	44. D	45. B	46. A	47. ABD	48. C
49. ACD	50. ACDE	51. ACD	52. CD	53. A	54. BE
55. ABC	56. C	57. A	58. D	59. C	60. D
61. C					

学习总结

第六章 建设工程安全生产法律制度

第一节 建设单位和相关单位的安全责任制度

考点1 建设单位的安全责任

1. 【刷基础】下列关于建设单位安全责任的说法,正确的是( )。[单选]
   A. 建设单位不得压缩合同工期
   B. 需要进行爆破作业的,建设单位应当委托施工企业办理申请批准手续
   C. 建设单位应当在拆除工程施工前告知施工企业,将施工企业资质等级证明和拆除施工组织方案送有关部门备案
   D. 建设单位应当向施工企业提供毗邻区的地下管线资料并保证资料的真实、准确、完整

2. 【刷重点】根据《建设工程安全生产管理条例》,建设单位的安全生产责任有( )。[多选]
   A. 需要进行爆破作业的,办理申请批准手续
   B. 提出防范生产安全事故的指导意见和措施建议
   C. 不得要求施工企业购买不符合安全施工的用具设备等
   D. 对安全技术措施或者专项施工方案进行审查
   E. 申领施工许可证应当提供有关安全施工措施的资料

考点2 勘察、设计单位的安全责任

3. 【刷基础】根据《建设工程安全生产管理条例》,下列不属于勘察单位安全责任的是( )[单选]
   A. 提供施工现场及毗邻区域的供水、供电、供气、供热、通信广播电视等地下管线资料
   B. 严格执行操作规程,采取措施保证各类管线安全
   C. 严格执行工程建设强制性标准
   D. 提供的勘察文件真实、准确

4. 【刷重点】根据《建设工程安全生产管理条例》,设计单位的安全责任包括( )。[多选]
   A. 在设计文件中注明涉及施工安全的重点部位和环节
   B. 采用新结构的建设工程,应当在设计中提出保障施工作业人员安全的措施建议
   C. 审查危险性较大的专项施工方案是否符合强制性标准
   D. 对特殊结构的建设工程,应在投入设计中提出防范生产安全事故的措施建议
   E. 审查监测方案是否符合设计要求

考点3 工程监理、检验检测单位的安全责任

5. 【刷基础】根据《建设工程安全生产管理条例》,工程监理单位对施工组织设计中的安全技术措施或者专项施工方案的审查重点是( )。[单选]
   A. 是否达到工程使用功能要求   B. 是否达到施工进度要求
   C. 是否符合工程建设强制性标准   D. 是否达到造价控制目标

6. 【刷重点】项目监理机构发现工程施工存在安全事故隐患的,应当采取的措施是(   )。[单选]
   A. 要求承包人整改
   B. 要求承包人暂停施工
   C. 要求承包人暂停施工并及时报告建设单位
   D. 要求承包人暂停施工并及时报告主管部门

7. 【刷难点】根据《建设工程安全生产管理条例》,下列关于工程参建各方安全责任的说法,正确的有(   )。[多选]
   A. 建设单位应当向施工单位提供施工现场相邻建筑物和构筑物的有关资料
   B. 施工单位应当在拆除工程施工前,将相关资料报有关部门备案
   C. 设计单位应当对涉及施工安全的重点部位和环节在设计文件中注明,并对防范生产安全事故提出意见
   D. 监理单位应当审查专项施工方案是否符合施工组织设计要求
   E. 施工单位编制的地下暗挖工程专项施工方案须组织专家论证、审查

▶ 考点4　机械设备等单位的安全责任

8. 【刷重点】根据《建筑起重机械安全监督管理规定》,下列关于建筑起重机械安装、拆卸单位的安全责任的说法,正确的是(   )。[单选]
   A. 使用单位和安装单位就安全生产承担连带责任
   B. 安装完毕后,应当自检并出具自检合格证明
   C. 建筑起重机械安装、拆卸工程专项施工方案应当由本单位安全负责人签字
   D. 建筑起重机械安装、拆卸工程专项施工方案报审后,应当告知工程所在地安全监督管理部门

9. 【刷基础】根据《建筑起重机械安全监督管理规定》,不得出租、使用的建筑起重机械有(   )。[多选]
   A. 超过安全技术标准或者制造厂家规定的使用年限的
   B. 经检验达不到安全技术标准规定的
   C. 属于有可能淘汰或者限制使用的
   D. 没有完整安全技术档案的
   E. 没有齐全有效的安全保护装置的

第二节　施工安全生产许可证制度

▶ 考点1　申请领取安全生产许可证的条件

10. 【刷基础】根据《安全生产许可证条例》,下列企业中应当申请安全生产许可证的有(   )。[多选]
    A. 煤矿企业　　　　　　　　　B. 金属冶炼企业
    C. 道路运输企业　　　　　　　D. 非煤矿山企业
    E. 建筑施工企业

11. 【刷重点】根据《建筑施工企业安全生产许可证管理规定》,建筑施工企业取得安全生产许可证应当具备的安全生产条件有(   )。[多选]
    A. 主要负责人、项目负责人、专职安全生产管理人员经安全生产监督管理部门考核

合格

B. 建立、健全安全生产责任制，制定完备的安全生产规章制度和操作规程
C. 保证本单位安全生产条件所需资金的投入
D. 参加工伤保险，为施工现场人员办理意外险
E. 设置安全生产管理机构，按照国家有关规定配备兼职安全生产管理人员

▶ 考点2 安全生产许可证的申请和有效期

12. 【刷基础】建筑施工企业的安全生产许可证由（   ）省级人民政府住房城乡建设行政主管部门颁发。[单选]
    A. 施工行为地   B. 企业注册地
    C. 建设工程合同履行地   D. 建设工程合同签订地

13. 【刷基础】建筑施工企业破产、倒闭、撤销的，应当将安全生产许可证交回原安全生产许可证颁发管理机关予以（   ）。[单选]
    A. 吊销   B. 撤销
    C. 注销   D. 销毁

14. 【刷重点】下列关于建筑施工企业安全生产许可证有效期的说法，正确的是（   ）。[单选]
    A. 安全生产许可证的有效期为5年
    B. 企业在安全生产许可证有效期内未发生死亡事故的，安全生产许可证自动续期
    C. 安全生产许可证有效期满前3个月可以向原颁发管理机关办理延期手续
    D. 安全生产许可证遗失补办，由申请人在官网发布信息

15. 【刷难点】根据《建筑施工企业安全生产许可证管理规定》，下列关于安全生产许可证的说法，正确的有（   ）。[多选]
    A. 施工企业未取得安全生产许可证的不得从事建筑施工活动
    B. 施工企业变更法定代表人的不必办理安全生产许可证变更手续
    C. 对没有取得安全生产许可证的施工企业所承包的项目不得颁发施工许可
    D. 施工企业取得安全生产许可证后不得降低安全生产条件
    E. 未发生死亡事故的安全生产许可证有效期届满时自动延期

16. 【刷难点】施工企业必须在变更10日内到原安全生产许可证颁发管理机关办理生产安全许可证变更手续的情形有（   ）。[多选]
    A. 企业股东变更   B. 企业名称变更
    C. 企业法定代表人变更   D. 企业设立分公司
    E. 企业注册地址变更

第三节 施工单位安全生产责任制度

▶ 考点1 施工单位的安全生产责任

17. 【刷基础】根据《安全生产法》的规定，无需设置安全生产管理机构或者配备专职安全生产管理人员的企业是（   ）。[单选]
    A. 矿山企业、金属冶炼企业
    B. 建筑施工企业
    C. 道路运输单位

D. 民用物品的生产、经营、储存单位

18. 【刷重点】根据《安全生产法》，施工企业主要负责人对安全生产的责任是（　　）。[单选]
    A. 工程项目实行总承包的，定期考核分包单位安全生产管理情况
    B. 保证本企业生产经营投入的有效实施
    C. 组织或者参与本单位安全生产教育和培训
    D. 建立健全并落实本单位全员安全生产责任制

19. 【刷难点】根据《建筑施工企业负责人及项目负责人施工现场带班暂行办法》，下列关于施工企业负责人施工现场带班制度的说法，正确的是（　　）。[单选]
    A. 建筑施工企业负责人，是指企业的法定代表人、总经理，不包括主管质量安全和生产工作的副总工程师
    B. 建筑施工企业负责人要定期带班检查，每月检查时间不少于其工作日的20%
    C. 有分公司的企业集团负责人因故不能到现场的，可口头委托工程所在地的分公司负责人对施工现场进行带班检查
    D. 建筑施工企业负责人带班检查时，应认真做好检查记录，并分别在企业和工程项目存档备查

20. 【刷难点】根据《建筑施工企业安全生产管理机构设置及专职安全生产管理人员配备办法》，建筑施工企业安全生产管理机构专职安全生产管理人员应当履行的职责有（　　）。[多选]
    A. 检查危险性较大工程安全专项施工方案落实情况
    B. 参与危险性较大工程安全专项施工方案专家论证会
    C. 监督作业人员安全防护用品的配备及使用情况
    D. 对发现的安全生产违章违规行为或安全隐患，有权当场予以纠正或作出处理决定
    E. 对于发现的重大安全隐患，有权向企业安全生产管理机构报告

▶ 考点2 施工总承包和分包单位的安全生产责任

21. 【刷重点】下列关于总分包单位安全生产责任的说法，错误的是（　　）。[单选]
    A. 总承包单位和分包单位对分包工程的安全生产承担连带责任
    B. 分包工程的安全生产责任由分包单位独立承担
    C. 分包单位应当服从总承包单位的安全生产管理
    D. 工程总承包单位和分包单位应各自建立应急救援组织

22. 【刷基础】某施工总承包项目施工现场发生生产安全事故，由（　　）负责上报该事故。[单选]
    A. 安装单位　　　　　　　　　　　B. 建设单位
    C. 监理单位　　　　　　　　　　　D. 施工总承包单位

23. 【刷基础】根据《建设工程安全生产管理条例》，应当制定施工现场生产安全事故应急预案的主体是（　　）。[单选]
    A. 建设单位　　　　　　　　　　　B. 施工企业
    C. 监理单位　　　　　　　　　　　D. 安全生产监督管理

考点 3　施工单位负责人和项目负责人施工现场带班制度

24. 【基础】下列关于施工企业项目负责人安全生产责任的说法，错误的是（　　）。[单选]
   A. 应当监控危险性较大分部分项工程
   B. 发生事故时，应当按规定及时报告并开展现场救援
   C. 每月带班检查时间不得少于其工作日的 25%
   D. 应当对工程项目落实带班制度负责

25. 【基础】李某是某施工单位项目负责人，为了全面掌握工程项目质量安全生产状况，加强对重点部位、关键环节的控制，及时消除隐患，其每月带班生产时间不应少于本月施工时间的（　　）。[单选]
   A. 30%　　　　B. 50%　　　　C. 60%　　　　D. 80%

26. 【重点】下列关于施工企业项目负责人安全生产责任的说法，正确的有（　　）。[多选]
   A. 编制安全生产规章制度和操作规程
   B. 对建设工程项目的安全施工负责
   C. 确保安全生产费用的有效使用
   D. 监督作业人员安全保护用品的配备及使用情况
   E. 签署项目危险性较大的工程安全专项施工方案

27. 【难点】下列关于项目负责人的带班生产的说法，正确的有（　　）。[多选]
   A. 在同一时期最多能承担两个工程项目的管理工作
   B. 应加强对重点部位、关键环节的控制
   C. 要认真做好带班生产记录并签字存档备查
   D. 每月带班生产时间不得少于本月施工时间的 60%
   E. 因其他事务需离开施工现场时，应向工程项目的施工单位请假

考点 4　施工作业人员安全生产的权利和义务

28. 【重点】根据《安全生产法》，从业人员发现直接危及人身安全的紧急情况时，有权停止作业或者在采取可能的措施后撤离作业场所，这项权利是（　　）。[单选]
   A. 紧急避险权　　　　　　　　B. 知情权
   C. 拒绝违章指挥权　　　　　　D. 控告权

29. 【基础】施工作业人员享有的安全生产权利有（　　）。[多选]
   A. 纠正和处理违章作业
   B. 拒绝连续加班作业
   C. 拒绝冒险作业
   D. 紧急避险
   E. 对施工安全生产提出建议

考点 5　施工单位安全生产教育培训

30. 【基础】下列人员中，不属于建筑施工企业特种作业人员的是（　　）。[单选]
   A. 电工　　　　B. 架子工　　　　C. 钢筋工　　　　D. 起重信号工

31. 【基础】根据《安全生产法》，对于未如实记录安全生产教育和培训情况的生产经营单位可以（　　）。[单选]
   A. 给予警告　　　　　　　　B. 吊销营业执照
   C. 责令限期改正　　　　　　D. 降低资质等级

32. 【刷难点】某建筑施工企业制定了如下安全生产教育培训工作制度，其中不符合法律规定的有（　　）。[单选]
    A. 对全体管理人员和作业人员每年进行一次安全生产教育培训，培训考核不合格的人员，不得上岗
    B. 项目经理必须经有关主管部门考核合格
    C. 登高架设作业人员，按照企业有关规定经过安全作业培训即可上岗
    D. 采用新技术新工艺时，应对作业人员进行培训

33. 【刷基础】根据《安全生产法》，下列关于安全生产教育培训的说法，正确的是（　　）。[单选]
    A. 从业人员应当通过教育培训掌握本岗位安全操作技能
    B. 从业人员有权放弃生产经营单位组织的安全生产教育培训
    C. 从业人员经过安全生产教育培训后即可上岗作业
    D. 被派遣劳动者可以不参加用工单位的安全生产教育培训

34. 【刷重点】根据《安全生产法》的规定，下列有关安全生产教育和培训的说法正确的有（　　）。[多选]
    A. 从业人员应掌握本岗位的安全操作技能
    B. 从业人员应知悉自身在安全生产方面的权利和义务
    C. 生产经营单位应建立安全生产教育和培训档案
    D. 采用新的生产工艺，对从业人员进行专门的安全生产教育和培训，取得相应资格，方可上岗作业
    E. 对特种作业人员必须按照规定经专门的安全作业培训，经生产经营单位考核合格方可上岗作业

35. 【刷基础】某企业开会讨论员工安全培训工作。张某认为，安全培训走走形式就行了，别耽误生产；李某认为，培训的重点是安全规章制度和操作规程，不要培训员工的安全权利；赵某认为，我没有经过培训照样上岗也没出事，培训无所谓；王某认为，培训内容应该与工作相关，培训考核不合格不能工作。根据《安全生产法》，下列员工中说法正确的是（　　）。[单选]
    A. 张某　　　　　　　　　　　　B. 李某
    C. 王某　　　　　　　　　　　　D. 赵某

第四节　施工现场安全防护制度

▶ 考点1　编制和实施安全技术措施、专项施工方案

36. 【刷重点】下列关于危险性较大的分部分项工程专项施工方案的说法，正确的是（　　）。[单选]
    A. 危险性较大的分部分项工程实行施工总承包的，专项施工方案可以由施工总承包单位组织编制
    B. 危险性较大的分部分项工程实行分包的，专项施工方案应当由相关专业分包单位组织编制
    C. 施工企业应当组织召开专家论证会对全部危险性较大的分部分项工程专项施工方案进行论证
    D. 分包单位编制危险性较大的分部分项工程专项施工方案的，应当由施工总承包单位

技术负责人及分包单位技术负责人共同审核签字并加盖单位公章

37. 【刷基础】超过一定规模的危险性较大的分部分项工程专项方案应当召开专家论证会，实行施工总承包的，由（　　）组织召开。[单选]
   A. 监理单位　　　　　　　　　　B. 建设单位
   C. 施工总承包单位　　　　　　　D. 相关专业承包单位

38. 【刷重点】根据《建设工程安全生产管理条例》，达到一定规模的危险性较大的分部分项工程中，施工单位还应当组织专家对专项施工方案进行论证，审查的分部分项工程有（　　）。[多选]
   A. 深基坑工程　　　　　　　　　B. 脚手架工程
   C. 地下暗挖工程　　　　　　　　D. 起重吊装工程
   E. 拆除爆破工程

▶ 考点2　施工现场安全防护措施和安全生产费用

39. 【刷基础】根据《建设工程安全生产管理条例》，在施工现场使用的装配式活动的，应当具有（　　）。[单选]
   A. 销售许可证　　B. 安装许可证　　C. 产品合格证　　D. 安全许可证

40. 【刷重点】根据《建筑安装工程费用项目组成》，下列属于安全文明施工费的是（　　）。[单选]
   A. 已完工程保护费　　　　　　　B. 规费
   C. 临时设施费　　　　　　　　　D. 分部分项工程费

41. 【刷基础】根据《建设工程安全生产管理条例》，施工单位应在施工现场（　　）设置明显的安全警示标志。[多选]
   A. 楼梯口　　　　　　　　　　　B. 配电箱
   C. 塔吊　　　　　　　　　　　　D. 基坑底部
   E. 施工现场出口处

42. 【刷重点】下列关于施工企业安全费用的说法，正确的有（　　）。[多选]
   A. 采取经评审的最低投标价法评标的招标项目，安全费用在竞标时可以降低
   B. 安全费用以建筑安装工程造价为计提依据
   C. 安全费用不列入工程造价
   D. 房屋建筑工程的安全费用计提比例高于市政公用工程
   E. 施工总承包单位与分包单位分别计提安全费用

▶ 考点3　施工现场消防安全责任

43. 【刷基础】根据《关于进一步加强建设工程施工现场消防安全工作的通知》，重点工程的施工现场应进行（　　）防火巡查。[单选]
   A. 每周　　　　　B. 每半月　　　　C. 每月　　　　D. 每日

44. 【刷重点】下列关于施工企业的消防安全职责的说法，正确的是（　　）。[单选]
   A. 按照地方标准或企业标准配置消防设施、器材
   B. 非重点工程施工现场应当定期组织消防安全培训和消防演练
   C. 对建筑消防设施每年至少进行一次全面检测，确保完好有效
   D. 重点工程的施工现场应当每周至少进行一次防火巡查，并建立巡查记录

45. 【难点】下列关于施工现场消防安全管理的说法,错误的是(　　)。[单选]
   A. 施工企业在施工现场禁止动用明火作业
   B. 应当在施工组织设计中编制消防安全技术措施和专项施工方案
   C. 在建高层建筑的各个楼层应配置手提式灭火器、消防沙袋等消防器材
   D. 不得在尚未竣工的建筑物内设置员工集体宿舍

第五节　施工生产安全事故的应急救援和调查处理

考点 1　生产安全事故的等级划分标准

46. 【基础】根据《生产安全事故报告和调查处理条例》,下列属于重大事故的是(　　)。[单选]
   A. 造成 3 人死亡,直接经济损失 3 000 万元的事故
   B. 造成 5 人死亡,直接经济损失 1 000 万元的事故
   C. 造成 30 人重伤,直接经济损失 3 000 万元的事故
   D. 造成 10 人重伤,直接经济损失 5 000 万元的事故

47. 【重点】根据《安全生产事故报告和调查处理条例》,某生产安全事故造成 5 人死亡,7 500 万元直接经济损失,该生产安全事故属于(　　)。[单选]
   A. 特别重大事故　　　B. 重大事故　　　C. 严重事故　　　D. 较大事故

48. 【重点】根据《生产安全事故报告和调查处理条例》,下列关于生产安全事故等级的说法,正确的是(　　)。[单选]
   A. 造成 5 人死亡的事故是一般事故
   B. 造成 45 人重伤的事故是重大事故
   C. 造成 15 人死亡的事故是特别重大事故
   D. 造成 3 000 万元直接经济损失的事故是较大事故

考点 2　生产安全事故应急救援预案

49. 【重点】下列关于生产安全事故应急预案的说法,正确的是(　　)。[单选]
   A. 应急预案体系包括综合应急预案和专项应急预案
   B. 综合应急预案从总体上阐述应急的基本要求和程序
   C. 专项应急预案是针对具体装置、场所或设施、岗位所制定的应急措施
   D. 现场处置方案是针对具体事故类别、危险源和研究保障而制定的计划或方案

50. 【难点】根据《生产安全事故应急条例》,生产安全事故应急救援预案制定单位应当及时修订相关预案的情形有(　　)。[多选]
   A. 制定预案所参照的法律、法规、规章、标准发生重大变化的
   B. 应急指挥机构及其职责发生调整的
   C. 重要应急资源发生重大变化的
   D. 安全生产面临的风险发生变化的
   E. 在预案演练或者应急救援中发现需要修订预案的重大问题的

考点 3　施工生产安全事故报告制度

51. 【重点】下列关于施工生产安全事故报告的说法,正确的是(　　)。[单选]
   A. 事故发生后,事故现场有关人员可以直接向事故发生地的有关部门报告

B. 事故报告后出现新情况的，应当及时补报
C. 单位负责人应当向单位所在地的有关部门报告
D. 报告事故时应包括事故造成的人员伤亡和直接经济损失

52. 【刷基础】根据《生产安全事故报告和调查处理条例》，报告事故应包括的内容有（   ）。[多选]
A. 事故发生单位概况
B. 事故发生时间、地点
C. 事故发生的原因
D. 事故救援情况
E. 事故的简要经过

▶ 考点4　施工生产安全事故的调查与处理

53. 【刷基础】下列事项中，属于施工生产安全事故调查组职责的是（   ）。[单选]
A. 查明事故发生的间接经济损失
B. 追究责任人的法律责任
C. 提交事故调查报告
D. 提出对受伤人员的赔偿方案

54. 【刷难点】施工单位违反施工程序，导致一座13层在建楼房倒塌，1名工人死亡，7人重伤，直接经济损失达7 000余万元人民币，则该事故应当由（   ）组织事故调查组。[单选]
A. 县级建设行政主管部门
B. 县级人民政府
C. 设区的市级人民政府
D. 省级人民政府

第六节　政府主管部门安全生产监督管理

▶ 考点1　建设工程安全生产的监督管理体制

55. 【刷基础】施工安全监督人员应具备的条件包括（   ）。[多选]
A. 具有工程类相关专业大专及以上学历
B. 具有两年及以上施工安全管理经验
C. 具有中级及以上专业技术职称
D. 经业务培训考核合格，取得相关执法证书
E. 熟悉掌握相关法律法规和工程建设标准规范

56. 【刷基础】监督机构收到建设单位提交的资料后，经查验符合要求的，在（   ）个工作日内向建设单位发放《终止施工安全监督告知书》。[单选]
A. 4
B. 5
C. 6
D. 7

57. 【刷重点】工程项目施工安全监督档案保存期限为（   ）年，自归档之日起计算。[单选]
A. 3
B. 4
C. 5
D. 7

▶ 考点2　政府主管部门对涉及安全生产事项的审查及执法职权

58. 【刷重点】根据《安全生产法》的规定，下列关于负有安全生产监督管理职责的部门行使行政许可审批职权的说法，正确的是（   ）。[单选]
A. 对涉及安全生产的事项进行审查、验收时，应当公示收费标准
B. 为保障安全，有权要求接受审查、验收的单位使用指定的品牌的安全设施

C. 对已依法取得批准但不再具备安全生产条件的单位，应当撤销原批准
D. 对未依法取得批准的单位，应当立即予以取消并处以罚款

59. 【刷难点】某应急管理局两名执法人员前往辖区施工现场进行安全检查。根据《安全生产法》，关于检查执行人员行使职权的做法，正确的有（　　）。[多选]
A. 检查发现特种作业岗位操作人员无岗上证，当场作出罚款1万元的处罚
B. 没收检查发现的不符合安全生产国家标准或行业标准的器材
C. 主动出示执法证件，进入施工现场进行检查，调阅监控台账和工人培训记录
D. 检查发现一处设备存在明显泄露隐患，危及岗位工人安全，责令立即停止设备运行
E. 查封检查发现的未经批准违法存储危险化学品的临时仓库

 考点3　安全生产举报处理、相关信息系统和工艺、设备、材料淘汰制度

60. 【刷重点】下列关于安全生产举报处理的说法，错误的是（　　）。[单选]
A. 负有安全生产监督管理职责的部门应当建立举报制度
B. 受理的举报事项经调查核实后，应当形成书面材料
C. 涉及人员死亡的举报事项，应当由省级以上人民政府组织核查处理
D. 任何单位或者个人对事故隐患均有权向负有安全生产监督管理职责的部门报告或者举报

61. 【刷基础】安全生产监督管理部门对生产经营单位作出处罚决定后（　　）个工作日内，在监督管理部门公示系统予以公开曝光。[单选]
A. 5　　　　　　　　　　　　　　　　B. 6
C. 7　　　　　　　　　　　　　　　　D. 8

62. 【刷基础】建设行政主管部门或者其他有关部门可以将施工现场的监督检查委托给（　　）具体实施。[单选]
A. 建设单位　　　　　　　　　　　　B. 建设工程安全监督机构
C. 工程监理单位　　　　　　　　　　D. 施工总承包单位

参考答案

1. D	2. ACE	3. A	4. ABD	5. C	6. A
7. ACE	8. B	9. ABDE	10. ADE	11. BC	12. B
13. C	14. C	15. ACD	16. BCE	17. D	18. D
19. D	20. ACDE	21. B	22. D	23. B	24. C
25. D	26. BC	27. BC	28. A	29. CDE	30. C
31. C	32. C	33. A	34. ABC	35. C	36. D
37. C	38. AC	39. C	40. C	41. ABC	42. BD
43. D	44. C	45. A	46. D	47. B	48. D
49. B	50. BCE	51. B	52. ABE	53. C	54. D
55. ABDE	56. B	57. A	58. C	59. CDE	60. C
61. C	62. B				

- 微信扫码查看本章解析
- 领取更多学习备考资料

考试大纲　考前抢分

学习总结

第七章 建设工程质量法律制度

第一节 工程建设标准

考点1 工程建设标准的分类

1. 【刷基础】下列关于实施工程建设强制性标准的说法，正确的是（　　）。[单选]
   A. 工程建设强制性标准均为关于工程质量标准的强制性条文
   B. 工程建设中采用新技术、新工艺、新材料且没有国家技术标准的，可不受强制性标准的限制
   C. 工程建设地方标准中，对直接涉及环境保护和公共利益的条文，经国务院建设行政主管部门确定后，可作为强制性条文
   D. 工程建设中采用国际标准或者国外标准且我国未作规定的，可不受强制性标准的限制

2. 【刷基础】下列关于团体标准的说法，错误的是（　　）。[单选]
   A. 团体标准的技术要求不得低于强制性标准的相关技术要求
   B. 在重要行业、战略性新兴产业、关键共性技术等领域制定团体标准必须利用自主创新技术
   C. 国家鼓励社会团体制定低于推荐性标准相关技术要求的团体标准
   D. 本团体成员可以约定采用团体标准

3. 【刷重点】下列关于工程建设企业标准的说法，正确的是（　　）。[单选]
   A. 企业标准应当通过标准信息公共服务平台向社会公开
   B. 企业标准的技术要求应当高于推荐性标准的相关技术要求
   C. 企业可以制定企业标准限制行业竞争
   D. 国家实行企业标准自我声明公开和监督制度

4. 【刷重点】根据《工程建设国家标准管理办法》，下列标准中，属于强制性标准的有（　　）。[多选]
   A. 工程建设重要的通用的试验、检验和评定方法等标准
   B. 工程建设重要的通用的信息技术标准
   C. 工程建设勘察、规划、设计、施工（包括安装）及验收等通用的综合标准
   D. 工程建设通用的有关安全、卫生和环境保护的标准
   E. 工程建设通用的术语、符号、代号、量与单位和制图方法标准

5. 【刷基础】根据《标准化法》，下列标准中属于推荐性标准的有（　　）。[多选]
   A. 行业标准　　　　　　　　　　　B. 地方标准
   C. 团体标准　　　　　　　　　　　D. 企业标准
   E. 国家标准

6. 【刷难点】下列关于工程建设国家标准的说法，正确的有（　　）。[多选]
   A. 强制性国家标准由国务院标准化行政主管部门制定
   B. 对保障人身健康和生命财产安全的技术要求，可以制定强制性国家标准

C. 强制性国家标准由国务院批准发布或者授权批准发布
D. 强制性标准文本应当免费向社会公开
E. 强制性国家标准复审周期一般不得超过3年

▶ 考点2 工程建设强制性标准实施的规定

7.【刷基础】根据《实施工程建设强制性标准监督规定》，下列情形中不属于强制性标准监督检查内容的是（　　）。[单选]
A. 工程项目规划、勘察、设计、施工阶段是否符合强制性标准
B. 工程项目使用的材料、设备是否符合强制性标准
C. 工程管理人员是否熟悉强制性标准
D. 工程项目的安全、质量是否符合强制性标准

8.【刷重点】下列关于工程建设强制性标准实施的说法，正确的是（　　）。[单选]
A. 新强制性国家标准实施后，企业可以选择执行新强制性国家标准
B. 建设工程设计文件中可能影响建设工程质量和安全且无国家技术标准的新材料，经有关主管部门组织的建设工程技术专家委员会审定后，方可使用
C. 在中国境内从事新建、扩建、改建等工程建设活动，必须执行工程建设强制性标准
D. 建设项目规划审查机构应当对工程建设勘察、设计阶段执行强制性标准的情况实施监督

9.【刷难点】根据《实施工程建设强制性标准监督规定》，属于强制性标准监督检查内容的有（　　）。[多选]
A. 有关工程技术人员是否掌握强制性标准
B. 工程项目的安全、质量是否符合强制性标准的规定
C. 工程项目采用的材料、设备是否符合强制性标准的规定
D. 有关行政部门处理重大事故是否符合强制性标准的规定
E. 工程项目中采用的导则、指南、手册、计算机软件的内容是否符合强制性标准的规定

第二节　无障碍环境建设制度

▶ 考点1 无障碍设施建设

10.【刷基础】下列关于无障碍设施建设的说法，错误的是（　　）。[单选]
A. 新建、改建、扩建的居住建筑、居住区、公共建筑、公共场所、交通运输设施、城乡道路等，应当符合无障碍设施工程建设标准
B. 无障碍设施应当与主体工程同步规划、同步设计、同步施工、同步验收、同步交付使用
C. 无障碍设施应当设置符合标准的无障碍标识
D. 施工单位应当将无障碍设施建设经费纳入工程建设项目概预算

11.【刷难点】无障碍环境建设涉及的民事主体较多，按照基本建设程序，主要包括（　　）。[多选]
A. 建设单位　　　　　　　　　　　B. 行政主管部门
C. 监理单位　　　　　　　　　　　D. 施工单位
E. 施工图审查机构

12.【刷重点】无障碍设施经验收交付后，所有权人或者管理人应当履行维护和管理责任不

包括（　　）。[单选]
A. 对损坏的无障碍设施和标识进行维修或者替换
B. 对需改造的无障碍设施进行改造
C. 纠正占用无障碍设施的行为
D. 定期对无障碍设施进行维护和保养

13. 【刷难点】下列关于无障碍设施建设的说法，正确的有（　　）。[多选]
A. 城市主干路、主要商业区等无障碍需求比较集中的区域的人行道，应当按照标准设置盲道
B. 任何单位和个人不得擅自改变无障碍设施的用途
C. 任何单位和个人不得非法占用、损坏无障碍设施
D. 任何情况下都不得占用无障碍设施
E. 因特殊情况设置的临时无障碍设施，应当符合无障碍设施工程建设标准

▶ 考点2　无障碍环境建设保障措施

14. 【刷基础】根据《无障碍环境建设法》，（　　）应当将无障碍环境建设纳入国民经济和社会发展规划。[单选]
A. 国家　　　　　　　　　　　B. 市级以上人民政府
C. 县级以上人民政府　　　　　D. 乡镇人民政府

15. 【刷难点】下列关于无障碍环境建设保障措施的说法，错误的是（　　）。[单选]
A. 机关、企业事业单位、社会团体以及其他社会组织，必须对工作人员进行无障碍服务知识与技能培训
B. 文明城市、文明村镇、文明单位、文明社区、文明校园等创建活动，应当将无障碍环境建设情况作为重要内容
C. 国家通过经费支持、政府采购、税收优惠等方式，促进新科技成果在无障碍环境建设中的运用
D. 无障碍环境建设相关标准是从专业技术层面落实无障碍环境建设法律的主要途径

第三节　建设单位及相关单位的质量责任和义务

▶ 考点1　建设单位的质量责任和义务

16. 【刷基础】根据《建设工程质量管理条例》，建设单位最迟应当在（　　）之前办理工程质量监督手续。[单选]
A. 签订施工合同
B. 竣工验收
C. 进场开工
D. 领取施工许可证

17. 【刷重点】下列关于建设单位质量责任和义务的说法，错误的是（　　）。[单选]
A. 设计单位应当就审查合格的施工图设计文件向施工单位作出详细说明
B. 建设单位不得明示或暗示设计单位违反抗震设防强制性标准，降低工程抗震性能
C. 建设单位在开工前，应当按照国家有关规定办理工程质量监督手续
D. 建设单位应当对其采购的材料设备进行使用前的检验和试验

18. 【刷基础】某施工单位欲查明施工现场区域内原有地下管线，应由（　　）负责向其提

供相关资料。[单选]
  A. 设计单位　　　　　　　　　　B. 城建档案管理部门
  C. 勘察单位　　　　　　　　　　D. 建设单位

▶ 考点2　勘察、设计单位的质量责任和义务

19.【刷重点】下列关于设计单位质量责任和义务的说法，正确的是（　　）。[单选]
  A. 设计单位项目负责人对由设计导致的工程质量问题承担责任
  B. 设计单位可以在设计文件中指定建筑材料的供应商
  C. 设计单位应当就审查合格的施工图设计文件向建设单位作出详细说明
  D. 设计文件应当符合国家规定的设计深度要求，但不必注明工程合理使用年限

20.【刷难点】根据《建设工程质量管理条例》，设计单位在设计文件中选用的建筑材料、建筑构配件和设备，应当（　　）。[单选]
  A. 按照建设单位的指令确定
  B. 注明规格、型号、性能等技术指标
  C. 指定生产厂、供应商
  D. 征求施工企业的意见

▶ 考点3　工程监理单位的质量责任和义务

21.【刷重点】下列关于必须实行监理的建设工程的说法，正确的是（　　）。[单选]
  A. 建设单位需将工程委托给具有相应资质等级的监理单位
  B. 建设单位有权决定是否委托某工程监理单位进行监理
  C. 监理单位不能与建设单位有隶属关系
  D. 监理单位不能与该工程的设计单位有利害关系

22.【刷重点】下列关于工程监理的说法，正确的是（　　）。[单选]
  A. 监理单位与建设单位之间是法定代理关系
  B. 工程监理单位可以分包监理业务
  C. 监理单位经建设单位同意可以转让监理业务
  D. 监理单位不得与被监理工程的设备供应商有隶属关系

23.【刷基础】根据《建设工程质量管理条例》，未经（　　）签字，建筑材料、建筑构配件和设备不得在工程上使用或者安装。[单选]
  A. 建筑师
  B. 监理工程师
  C. 建造师
  D. 建设单位项目负责人

24.【刷难点】根据《建设工程质量管理条例》，下列关于工程监理单位质量责任和义务的说法，正确的是（　　）。[多选]
  A. 监理单位不得与被监理工程的设计单位有利害关系
  B. 监理单位对施工质量实施监理，并对施工质量承担监理责任
  C. 未经总监理工程师签字，建筑材料不得在工程上使用
  D. 施工图深化文件是监理工作的主要依据
  E. 施工图设计既是施工的依据，也是监理单位对施工活动进行监督管理的依据

第四节 施工单位的质量责任和义务

▶ 考点1 对施工质量负责和总分包单位的质量责任

25.【刷基础】建设工程总承包单位依法将建设工程分包给其他单位的,下列关于分包工程的质量责任承担的说法,正确的是( )。[单选]
A. 分包工程质量责任仅由分包单位承担
B. 分包工程质量责任由总承包单位和分包单位承担连带责任
C. 分包工程质量责任仅由总承包单位承担
D. 分包工程质量责任由总承包单位和分包单位按比例承担

26.【刷重点】某分包工程出现质量问题,下列关于工程总分包单位承担质量责任的说法,正确的是( )。[单选]
A. 总承包单位不承担责任
B. 由分包单位承担全部责任
C. 由总承包单位承担全部责任
D. 总承包单位与分包单位应当向建设单位承担连带责任

▶ 考点2 按照工程设计图纸和施工技术标准施工的规定

27.【刷基础】施工单位在施工过程中发现设计文件和图纸有差错,其正确做法是( )。[单选]
A. 有权进行修改   B. 可以按照规范施工
C. 应当及时提出意见和建议   D. 有权拒绝施工

28.【刷难点】下列有关施工单位按图施工的说法,正确的有( )。[多选]
A. 在施工中不得擅自修改原工程设计
B. 在施工中确实发现差错,有及时提出的义务
C. 工程设计的修改由设计单位负责
D. 在施工中确实遇到工艺困难,应当及时修改设计
E. 必须按照工程设计图纸和施工技术标准施工

  考点3 对建筑材料、设备等进行检验检测

29.【刷基础】下列关于工程质量检测单位检测的说法,正确的有( )。[多选]
A. 检测报告加盖检测机构公章即可生效
B. 检测机构应当单独建立检测结果不合格项目台账
C. 检测人员不得同时受聘于两个或者两个以上的检测机构
D. 检测报告经建设单位或者工程监理单位确认后,由工程监理单位归档
E. 检测机构可以推荐质量合格的建筑材料

30.【刷重点】根据《建设工程质量检测管理办法》,下列关于建设工程质量检测的说法,正确的有( )。[多选]
A. 检测机构和检测人员不得推荐或监制建筑材料、构配件和设备
B. 检测机构的资质分为综合检测资质和专项检测资质
C. 检测机构不得转包检测业务
D. 质量检测业务应当由施工企业书面委托具有相应资质的检测机构进行

E. 利害关系人对检测结果有争议的,由双方共同认可的检测机构复检,复检结果由提出复检方报当地建设主管部门备案

考点 4 施工质量检验和返修

31. 【基础】隐蔽工程进行前,施工单位应通知( )和建设工程质量监督机构。[单选]
    A. 监理单位　　　B. 建设单位　　　C. 施工单位　　　D. 勘察单位

32. 【重点】下列关于施工企业返修义务的说法,正确的是( )。[单选]
    A. 施工企业仅对施工中出现质量问题的建设工程负责返修
    B. 施工企业仅对竣工验收不合格的工程负责返修
    C. 非施工企业原因造成的质量问题,相应的损失和返修费用由责任方承担
    D. 对于非施工企业原因造成的质量问题,施工企业不承担返修的义务

33. 【难点】对于非施工单位原因造成的质量问题,应当分别由( )返修和承担责任。[单选]
    A. 建设单位、建设单位　　　　B. 建设单位、责任方
    C. 施工单位、责任方　　　　　D. 施工单位、建设单位

第五节　建设工程竣工验收制度

考点 1 竣工验收的主体和法定条件

34. 【基础】根据《建设工程质量管理条例》的规定,组织竣工验收的主体是( )。[单选]
    A. 质量监督站　　　　　　　B. 建设单位
    C. 监理单位　　　　　　　　D. 建设行政主管部门

35. 【基础】根据《建设工程质量管理条例》,下列属于建设工程竣工验收应当具备的条件有( )。[多选]
    A. 有施工单位签署的工程保修书
    B. 工程监理日志
    C. 完成建设工程设计和合同约定的主要内容
    D. 有完整的技术档案和施工管理资料
    E. 有工程使用的主要建筑材料、建筑构配件和设备的进场试验报告

考点 2 规划、消防、节能和环保验收

36. 【重点】下列情形中,属于不得组织建筑节能工程验收的是( )。[单选]
    A. 验收组织机构不符合法规及规范要求的
    B. 工程存在违反强制性标准的质量问题而未整改完毕的
    C. 参加验收人员不具备相应资格的
    D. 验收程序和执行标准不符合要求的

37. 【基础】建筑节能分部工程验收的主持人应当是( )。[单选]
    A. 施工企业项目经理　　　　　B. 设计单位节能设计负责人
    C. 专业监理工程师　　　　　　D. 总监理工程师(建设单位项目负责人)

38. 【难点】根据建筑节能的有关规定合同约定由建设单位采购墙体材料、保温材料、门

窗、采暖制冷系统和照明设备的,建设单位应当保证其符合(   )要求。[单选]
A. 企业标准　　　　　　　　　　　B. 地方标准
C. 施工图设计文件　　　　　　　　D. 建筑节能任意性标准

▶ 考点3　竣工验收报告备案的规定

39. 【基础】建设单位办理工程竣工验收备案应当提交的文件不包括(   )。[单选]
A. 规划、环保等部门出具的许可文件或者准许使用文件
B. 建筑工程施工许可证
C. 工程竣工验收备案表
D. 施工企业签署的工程质量保修书

40. 【重点】建设单位办理建筑工程竣工验收备案应提交的材料有(   )。[多选]
A. 工程竣工验收备案表　　　　　　B. 住宅使用说明书
C. 工程竣工验收报告　　　　　　　D. 施工单位签署的工程质量保修书
E. 规划等部门出具的认可文件或者准许使用文件

第六节　建设工程质量保修制度

▶ 考点1　建设工程质量保修书

41. 【重点】建设工程质量保修书的提交时间是(   )。[单选]
A. 自提交工程竣工验收报告之日起15日内　　B. 工程竣工验收合格之日
C. 自工程竣工验收合格之日起15日内　　　　D. 提交工程竣工验收报告时

42. 【基础】根据《建设工程质量管理条例》,质量保修书应当明确的内容有(   )。[多选]
A. 保修范围　　　　　　　　　　　B. 保修期限
C. 质量保证金退还方式　　　　　　D. 质量保证金预留比例和期限
E. 保修责任

▶ 考点2　建设工程质量的最低保修期限

43. 【基础】根据《建设工程质量管理条例》,下列建设工程质量保修期限的约定中,符合规定的是(   )。[单选]
A. 供冷系统质量保修期为1年　　　B. 屋面防水工程质量保修期为3年
C. 给排水管道工程质量保修期为3年　D. 装修工程质量保修期为1年

44. 【基础】根据《建设工程质量管理条例》,建设工程保修期自(   )之日起计算。[单选]
A. 竣工验收合格　　　　　　　　　B. 交付使用
C. 发包方支付全部价款　　　　　　D. 竣工验收备案

45. 【重点】根据《建设工程质量管理条例》,下列关于质量保修期限的说法,正确的有(   )。[多选]
A. 房屋建筑的地基基础工程最低保修期限为设计文件规定的该工程合理使用年限
B. 屋面防水工程最低保修期限为3年
C. 给排水管道工程最低保修期限为2年
D. 供热工程最低保修期限为2个采暖期

E. 建设工程的保修期自交付使用之日起计算

46. 【刷难点】在某施工合同履行中，施工企业未及时履行保修义务，建设单位使用不当，双方有同等责任。建筑物毁损的损失为100万元，下列关于责任承担的说法，正确的有（ ）。[多选]
    A. 应当由施工企业和建设单位各自承担相应责任
    B. 由施工企业负责维修，建设单位支付50万元
    C. 应当由施工企业承担全部责任
    D. 由施工企业负责维修，建设单位支付100万元
    E. 建设单位另行组织维修的，费用全部由施工企业支付

▶ 考点3 质量保证金

47. 【刷基础】下列关于建设工程质量保证金的说法，正确的是（ ）。[单选]
    A. 在工程项目竣工前已经缴纳履约保证金的，建设单位不得同时预留工程质量保证金
    B. 建设工程质量保证金总预留比例不得高于工程价款结算总额的5%
    C. 承包人不得以银行保函替代预留保证金
    D. 采用工程质量保险的，发包人可以同时预留保证金

48. 【刷重点】下列关于缺陷责任期内建设工程缺陷维修的说法，正确的是（ ）。[单选]
    A. 如承包人不维修也不承担费用，发包人可以从保证金中扣除，费用超出保证金额的，发包人可以向承包人进行索赔
    B. 缺陷责任期内由承包人原因造成的缺陷，承包人应当负责维修，承担维修费用，但不必承担鉴定费用
    C. 承包人维修并承担相应费用后，不再对工程损失承担赔偿责任
    D. 由他人的原因造成的缺陷，承包人负责组织维修，但不必承担费用，且发包人不得从保证金中扣除费用

49. 【刷重点】下列关于工程建设缺陷责任期的说法，正确的有（ ）。[多选]
    A. 缺陷责任期一般为6个月、12个月或24个月
    B. 缺陷责任期从承包人提交竣工验收报告之日起计
    C. 缺陷责任期从工程通过竣工验收之日起计
    D. 发包人原因导致竣工延迟的，在承包人提交竣工验收报告60天后，工程自动进入缺陷责任期
    E. 承包人原因导致竣工延迟的，缺陷责任期从实际通过竣工验收之日起计

参考答案

1. C	2. B	3. D	4. ABCD	5. AB	6. CD
7. C	8. C	9. ABCE	10. D	11. ACDE	12. D
13. ABCE	14. C	15. B	16. D	17. D	18. D
19. A	20. B	21. A	22. D	23. B	24. BE
25. B	26. D	27. C	28. ABE	29. BC	30. ACE
31. B	32. C	33. C	34. B	35. ADE	36. B
37. D	38. C	39. D	40. ACD	41. D	42. ABE
43. C	44. A	45. ACD	46. AB	47. A	48. A
49. CE					

- 微信扫码查看本章解析
- 领取更多学习备考资料

考试大纲　　考前抢分

📖 学习总结

第八章 建设工程环境保护和历史文化遗产保护法律制度

第一节 建设工程环境保护制度

考点1 建筑工程大气污染防治

1. 【基础】根据《大气污染防治法》,暂时不能开工的建设用地,超过( )的,建设单位应进行绿化铺装或者遮盖。[单选]
   A. 30 日　　　　　　　　　　　B. 3 个月
   C. 45 日　　　　　　　　　　　D. 6 个月

2. 【重点】下列关于施工现场大气污染防治的说法,正确的是( )。[单选]
   A. 暂时不能开工的建设用地,施工单位应当对裸露地面进行覆盖
   B. 建设单位应当将防治扬尘污染的费用列入工程造价
   C. 在人口集中地区焚烧沥青、橡胶、塑料等应采取相应措施
   D. 建设用地暂时不能开工超过6个月的,应当进行绿化、铺装或者遮盖

考点2 建设工程水污染防治

3. 【基础】根据《城镇污水排入排水管网许可管理办法》,下列关于城镇污水排入排水管网许可的说法,正确的是( )。[单选]
   A. 城镇排污许可根据排放的污染物浓度收费
   B. 因施工作业需要排水的,排水许可证有效期不得超过施工期限
   C. 排水户可根据需要向城镇排水设施加压排放污水
   D. 施工作业时,施工单位应当申请领取排水许可证

4. 【重点】下列关于施工现场水污染防治的说法,错误的是( )。[单选]
   A. 在饮用水水源保护区内,禁止设置排污口
   B. 禁止向水体排放油类、酸液、碱液或者剧毒废液
   C. 兴建地下工程设施,应当采取防护性措施,防止地下水污染
   D. 可以利用渗井、渗坑排放、倾倒含有毒污染物的废水

5. 【难点】下列关于工程建设范围内城镇排水与污水处理设施的说法,正确的是( )。[单选]
   A. 建设工程开工前,施工单位应当查明工程建设范围内地下城镇排水与污水处理设施的相关情况
   B. 建设工程施工范围内有排水管网等城镇排水与污水处理设施的,建设单位应当与施工单位、设施维护运营单位分别制定设施保护方案
   C. 因工程建设需要拆除、改动城镇排水与污水处理设施的,建设单位应当与施工单位制定拆除、改动方案
   D. 承建、改建城镇排水与污水处理设施的费用,应由建设单位承担

考点3 建设工程固体废物污染环境防治

6. 【基础】根据《绿色施工导则》，力争再利用和回收率达到40%的是（　　）。[单选]
   A. 建筑垃圾
   B. 建筑物拆除产生的废弃物
   C. 碎石类建筑垃圾
   D. 土石方类建筑垃圾

7. 【重点】下列关于施工现场固体废物污染环境防治的说法，正确的是（　　）。[单选]
   A. 特殊单位可以向江河、湖泊、运河、渠道、水库及其最高水位线以下的滩地和岸坡以及法律法规规定的其他地点倾倒、堆放、贮存固体废物
   B. 施工企业可以将建筑垃圾交给从事建筑垃圾运输的个人运输
   C. 转移固体废物出省、自治区、直辖市行政区域处置的，应当同时向固体废物移出地和接收地的省级人民政府生态环境主管部门提出申请
   D. 处置建筑垃圾的单位在运输建筑垃圾时，应当随车携带建筑垃圾处置核准文件

考点4 建设工程噪声污染防治

8. 【基础】根据《建筑施工场界环境噪声排放标准》，建筑施工场界环境夜间噪声的"夜间"是指（　　）。[单选]
   A. 21:00 至次日 6:00　　　　　　　　B. 22:00 至次日 6:00
   C. 22:00 至次日 8:00　　　　　　　　D. 21:00 至次日 8:00

9. 【基础】《噪声污染防治法》规定，对（　　）的住宅楼、商铺、办公楼等建筑物进行室内装修活动，应当按照规定限定作业时间，采取有效措施，防止、减轻噪声污染。[单选]
   A. 在建　　　　B. 已验收　　　　C. 已竣工交付使用　　D. 已竣工

10. 【重点】根据《噪声污染防治法》，在噪声敏感建筑物集中区域，不能在夜间进行产生噪声的建筑施工作业的是（　　）作业。[单选]
    A. 抢修
    B. 抢险
    C. 抢工期
    D. 生产工艺要求必须连续

11. 【重点】在噪声敏感建筑物集中区域，未取得地方人民政府住房和城乡建设、生态环境主管部门或者地方人民政府指定的部门证明即可夜间进行产生噪声的建筑施工作业有（　　）。[多选]

    A. 抢修作业
    B. 抢险作业
    C. 生产工艺上要求必须连续进行的作业
    D. 特殊需要必须连续进行的作业
    E. 产生环境噪声污染较轻的作业

12. 【难点】根据《噪声污染防治法》，下列关于建设项目噪声污染防治的说法，错误的有（　　）。[多选]
    A. 建设项目投产使用前，建设单位应当依照规定对配套建设的噪声污染防治设施进行验收
    B. 施工企业在建设前期应当按照规定制定噪声污染防治措施
    C. 扩建可能产生污染的建设项目，应当依法进行环境影响评价

D. 建设项目的噪声污染防治设施应当与主体工程同时招标

E. 配套建设的噪声污染防治设施验收不合格的，该建设项目不得投产使用

第二节　施工中历史文化遗产保护制度

考点1　受法律保护的文物范围

13.【基础】下列关于受国家保护的文物范围的说法，正确的是（　　）。[单选]

A. 古人类化石属于受国家保护的文物

B. 石刻、壁画受国家保护

C. 具有科学价值的古脊椎动物化石同文物一样受国家保护

D. 反映历史上某时代社会生产的艺术品受国家保护

14.【重点】下列关于国家所有的文物的说法，正确的是（　　）。[单选]

A. 施工现场发现的地下遗存文物，所有权属于建设单位

B. 国有不可移动文物的所有权因其所依附的土地所有权或者使用权的改变而改变

C. 古文化遗址、古墓葬、石窟寺属于国家所有

D. 属于国家所有的可移动文物的所有权因其保管、收藏单位的终止或者变更而改变

15.【基础】施工现场发现的地下遗存文物，所有权属于（　　）。[单选]

A. 施工企业　　　　　　　　　B. 国家

C. 建设单位　　　　　　　　　D. 建设用地使用权人

16.【难点】下列关于国家所有的不可移动文物范围的说法，正确的是（　　）。[单选]

A. 纪念建筑物属于国家所有　　B. 近代现代代表性建筑属于国家所有

C. 石刻属于国家所有　　　　　D. 古文化遗址属于国家所有

考点2　历史文化名城名镇名村的保护

17.【基础】根据《历史文化名城名镇名村保护条例》，禁止在历史文化街区、名镇、名村核心保护范围内进行新建扩建活动，但除外的项目是（　　）。[单选]

A. 自然保护区旅游开发项目

B. 必要的基础设施和公共服务设施项目

C. 重大体育赛事场馆项目

D. 重大历史题材影视摄制基地项目

18.【重点】根据《历史文化名城名镇名村保护条例》，下列属于申报历史文化名城、名镇、名村条件的有（　　）。[多选]

A. 保存文物特别丰富

B. 历史建筑集中成片

C. 保留着传统自然格局和地理风貌

D. 集中反映本地区建筑的文化特色、民族特色

E. 历史上曾经作为政治、经济、文化、交通中心或者军事要地

考点3　在文物保护单位保护范围和建设控制地带施工的规定

19.【基础】经有关部门依法办理批准手续后，可以在历史文化名城名镇名村保护范围内进行的活动是（　　）。[单选]

A. 修建生产储存腐蚀性物品的仓库

B. 占用保护规划确定保留的道路
C. 改变园林绿地、河湖水系等自然状态的活动
D. 在历史建筑上刻划

20.【刷难点】下列关于在文物保护单位和建设控制地带内从事建设活动的说法，正确的是（　　）。[单选]
A. 文物保护单位的保护范围内及其周边的一定区域不得进行挖掘作业
B. 在全国重点文物保护单位的保护范围内进行挖掘作业，必须经国务院批准
C. 在省、自治区、直辖市重点文物保护单位的保护范围内进行挖掘作业的，必须经国务院文物行政主管部门同意
D. 因特殊情况需要在文物保护单位的保护范围内进行挖掘作业的，应经核定公布该文物保护单位的人民政府批准，并在批准前征得上一级人民政府文物行政主管部门同意

考点4 施工发现文物的报告和保护的规定

21.【刷基础】某建筑公司在建设项目施工过程中，发现一地下古墓葬，于是立即报告当地文物行政部门，文物行政部门接到报告后，应当在（　　）小时内赶赴工地现场。[单选]
A. 12　　　　　　B. 24　　　　　　C. 48　　　　　　D. 36

22.【刷重点】下列关于施工中发现文物的报告和保护的说法，正确的是（　　）。[单选]
A. 发现人应当在12小时内报告当地文物行政部门
B. 文物行政部门接到报告后，应当在48小时内赶赴现场
C. 文物行政部门应当在10日内提出处理意见
D. 任何单位或者个人发现文物，应当保护现场

23.【刷难点】根据《文物保护法》，在施工中发现文物，下列说法正确的有（　　）。[多选]
A. 任何单位或者个人发现文物，应当保护现场
B. 应当接受审批机关的监督和指导
C. 立即报告当地文物行政部门
D. 文物行政部门接到报告后，应当在24小时内赶赴现场
E. 文物行政部门应在7日内提出处理意见

参考答案

1. B   2. B   3. B   4. D   5. D   6. B
7. D   8. B   9. C   10. C   11. ABC   12. BD
13. C   14. C   15. B   16. D   17. B   18. ABDE
19. C   20. D   21. B   22. D   23. ACDE

- 微信扫码查看本章解析
- 领取更多学习备考资料

  考试大纲　考前抢分

学习总结

第九章 建设工程劳动保障法律制度

第一节 劳动合同制度

▶ 考点1 劳动合同订立的规定

1. 【刷基础】用人单位与劳动者建立劳动关系的时间为（　　）。[单选]
   A. 订立劳动合同之日　　　　　　　　B. 发出录用通知之日
   C. 用工之日　　　　　　　　　　　　D. 办理入职手续之日

2. 【刷基础】根据《劳动合同法》，劳动合同期限1年以上不满3年的，试用期不得超过（　　）个月。[单选]
   A. 1　　　　　　B. 2　　　　　　C. 3　　　　　　D. 4

3. 【刷基础】2021年3月5日，甲工会代表全体职工与公司签订了集体合同。3月6日，当地劳动行政部门收到集体合同文本，则该集体合同的生效日为（　　）。[单选]
   A. 3月5日　　　　　　　　　　　　B. 3月6日
   C. 3月14日　　　　　　　　　　　　D. 3月21日

4. 【刷重点】下列关于劳动合同订立的说法，正确的有（　　）。[多选]
   A. 试用期包含在劳动合同期限内
   B. 固定期限劳动合同不能超过10年
   C. 商业保险是劳动合同的必备条款
   D. 劳动关系自劳动合同订立之日起建立
   E. 建立全日制劳动关系，应当订立书面劳动合同

5. 【刷重点】下列关于劳动合同试用期的说法，正确的有（　　）。[多选]
   A. 劳动合同期限3个月以上不满1年的，不允许约定试用期
   B. 劳动合同期限1年以上不满3年的，试用期不得超过2个月
   C. 签订无固定期限合同的，试用期不得超过1年
   D. 同一用人单位与同一劳动者只能约定1次试用期
   E. 如果劳动合同期限不满3个月，合同中不得约定试用期

▶ 考点2 劳动合同的履行和变更

6. 【刷基础】下列关于施工企业强令施工人员冒险作业的说法，正确的是（　　）。[单选]
   A. 施工企业有权对不服从指令的施工人员进行处罚
   B. 施工企业可以解除不服从管理的施工人员的劳动合同
   C. 施工人员有权拒绝该指令
   D. 施工人员必须无条件服从施工企业发出的命令，确保施工生产进度的顺利开展

7. 【刷重点】下列关于劳动合同履行和变更的说法，正确的是（　　）。[单选]
   A. 用人单位变更名称，应当重新订立劳动合同
   B. 用人单位变更法定代表人，不影响劳动合同的履行

C. 工资可以实物或有价证券等形式代替货币支付
D. 用人单位发生合并或者分立等情况，原劳动合同自行终止

考点3 劳动合同的解除和终止

8. 【刷基础】劳动者可以立即解除劳动合同且无需事先告知用人单位的情形是（　　）。[单选]
   A. 用人单位未按照劳动合同约定提供劳动包含或者劳动条件
   B. 用人单位以暴力、威胁或者非法限制人身自由的手段强迫劳动者劳动
   C. 用人单位未及时足额支付劳动报酬
   D. 用人单位制定的规章制度违反法律、法规的规定，损害劳动者的权益

9. 【刷基础】劳动者的下列情形中，用人单位可以随时解除劳动合同的是（　　）。[单选]
   A. 在试用期后被证明不符合录用条件　　B. 严重违反用人单位的规章制度
   C. 被起诉有大量欠债　　D. 经常生病不能从事岗位工作

10. 【刷重点】根据《劳动合同法》，下列情形中，用人单位不得解除劳动合同的是（　　）。[单选]
    A. 劳动者在试用期间被证明不符合录用条件的
    B. 劳动者严重违反用人单位规章制度的
    C. 劳动者患病或者非因工负伤，在规定的医疗期内的
    D. 劳动者被依法追究刑事责任的

11. 【刷基础】劳动者在试用期内单方解除劳动合同，应提前（　　）日通知用人单位。[单选]
    A. 3　　B. 7　　C. 15　　D. 30

12. 【刷重点】根据《劳动合同法》，下列情形中，用人单位不得解除劳动者劳动合同的是（　　）。[单选]
    A. 在本单位连续工作满15年，且距法定退休年龄不足5年的
    B. 在试用期间被证明不符合录用条件的
    C. 严重违反用人单位的规章制度的
    D. 因工负伤，不在规定的医疗期内的

13. 【刷重点】某施工企业与李某协商解除劳动合同，李某在该企业工作了2年3个月，在解除合同前12个月李某月平均工资为6 000元。根据《劳动合同法》，该企业应当给予李某经济补偿（　　）元。[单选]
    A. 6 000　　B. 12 000　　C. 15 000　　D. 18 000

14. 【刷难点】某建筑公司发生以下事件：职工李某因工负伤而丧失劳动能力；职工王某因偷窃自行车一辆而被公安机关给予行政处罚；职工徐某因与他人同居而怀孕；职工陈某在试用期内发现不符合录用条件；职工张某因工程重大安全事故罪被判刑。对此，该建筑公司可以随时解除劳动合同的有（　　）。[多选]
    A. 李某　　B. 王某　　C. 徐某　　D. 陈某
    E. 张某

15. 【刷重点】根据《劳动合同法》，劳动者可以与用人单位解除劳动合同的有（　　）。[多选]
    A. 用人单位排除劳动者权利
    B. 用人单位未及时足额支付劳动报酬

C. 用人单位未依法为劳动者缴纳社会保险费
D. 用人单位未按照劳动合同约定提供劳动保护或者劳动条件
E. 用人单位的规章制度违反法律、法规的规定，损害劳动者权益

第二节　劳动用工和工资支付保障

▶ 考点 1　劳务派遣

16. 【刷基础】下列关于劳务派遣的说法，正确的是（　　）。[单选]
    A. 所有被派遣的劳动者应当实行相同的劳动报酬
    B. 劳务派遣单位应当取得相应的行政许可
    C. 劳务派遣用工是建筑行业的主要用工模式
    D. 用工单位的主要工作都可以由被派遣的劳动者承担

17. 【刷难点】甲施工企业与乙劳务派遣单位订立劳务派遣协议，由乙向甲派遣员工王某，下列关于该用工关系的说法，正确的是（　　）。[单选]
    A. 王某工作时因工负伤，甲应当申请工伤认定
    B. 在派遣期间，甲被宣告破产，可以将王某退回乙
    C. 甲可以根据企业实际情况将王某派遣到其他用工单位
    D. 在派遣期间，王某被退回，乙不再向其支付劳动报酬

18. 【刷基础】《劳动合同法》规定，被派遣劳动者被劳务派遣单位派遣后，用工单位应当履行的义务包括（　　）。[多选]
    A. 执行国家劳动标准，提供相应的劳动条件和劳动保护
    B. 告知被派遣劳动者的工作要求和劳动报酬
    C. 支付加班费、绩效奖金，提供与工作岗位相关的福利待遇
    D. 对在岗被派遣劳动者进行工作岗位所必需的培训
    E. 用工单位可以将优秀的被派遣劳动者再派遣到其他用人单位

▶ 考点 2　工资支付保障制度

19. 【刷基础】用人单位依法安排劳动者在法定休假节日工作的，按照不低于劳动合同规定的劳动者本人日或小时工资标准的（　　）支付劳动者工资。[单选]
    A. 150%　　　B. 250%　　　C. 200%　　　D. 300%

20. 【刷难点】下列关于工资支付的说法，错误的是（　　）。[单选]
    A. 劳动者依法享受年休假、探亲假、婚假、丧假期间，用人单位应按劳动合同规定的标准支付劳动者工资
    B. 劳动关系双方依法解除或终止劳动合同时，用人单位应在解除或终止劳动合同时一次结清劳动者工资
    C. 因劳动者原因造成单位停工、停产在一个工资支付周期内的，用人单位应照常支付劳动者工资
    D. 劳动者在法定工作时间内依法参加社会活动期间，用人单位应视同其提供了正常劳动而支付工资

▶ 考点 3　农民工工资支付保障制度

21. 【刷基础】工资保证金按工程施工合同额（或年度合同额）的一定比例存储，原则上不

低于（　　）。[单选]
A. 1% B. 2%
C. 3% D. 5%

22.【刷重点】根据《保障农民工工资支付条例》，关于农民工工资的说法，错误的是（　　）。[单选]
A. 事业单位经营困难的，可以拖欠农民工工资
B. 用人单位应当按照与农民工书面约定的工资支付周期和具体支付日期足额支付工资
C. 用人单位拖欠农民工工资的，应当依法予以清偿
D. 企业应按照依法签订的劳动合同约定的日期按月支付工资，并不得低于当地最低工资标准

23.【刷基础】施工合同额低于（　　）万元的工程，且该工程的施工总承包单位在签订施工合同前一年内承建的工程未发生工资拖欠的，可免除该工程存储工资保证金。[单选]
A. 150 B. 200
C. 300 D. 350

24.【刷重点】工资保证金使用后，施工总承包单位应当自使用之日起（　　）个工作日内将工资保证金补足。[单选]
A. 7 B. 10
C. 12 D. 14

第三节　劳动安全卫生和保护

考点1　劳动安全卫生

25.【刷基础】根据《职业病防治法》，劳动者享有的职业卫生保护权利包括（　　）。[多选]
A. 获得职业健康检查、职业病诊疗、康复等职业病防治服务
B. 了解工作场所产生或者可能产生的职业病危害因素、危害后果和应当采取的职业病防护措施
C. 拒绝违章指挥和强令进行没有职业病防护措施的作业
D. 要求用人单位提供符合防治职业病要求的职业病防护设施和个人使用的职业病防护用品
E. 接受安全生产教育和培训，掌握本职工作所需的安全生产知识

考点2　职业病防治管理制度

26.【刷基础】对从事接触职业病危害的作业的劳动者，用人单位应当组织的职业健康检查不包括（　　）。[单选]
A. 上岗前 B. 离岗时
C. 在岗期间 D. 离岗后

27.【刷重点】下列关于职业病防治管理的说法，正确的有（　　）。[多选]
A. 用人单位应当为劳动者建立职业健康监护档案，并按照规定的期限妥善保存
B. 上岗前的职业健康检查费用由个人承担
C. 劳动者有权拒绝从事存在职业病危害的作业，用人单位不得因此解除与劳动者所订立的劳动合同

D. 劳动者离开用人单位时，有权索取本人职业健康监护档案复印件
E. 对产生严重职业病危害的作业岗位，应当在其醒目位置，设置警示标志和中文警示说明

考点 3　女职工和未成年工的特殊保护

28.【刷基础】小刚未满 17 岁即应聘于某施工单位，下列说法正确的是（　　）。[单选]
A. 小刚未成年，签订劳动合同属无效劳动合同
B. 因为是临时工作，可以不签劳动合同
C. 不得安排小刚从事有毒有害的劳动
D. 可以安排小刚从事有毒有害的劳动，但必须保证安全

29.【刷难点】某建筑公司聘用 17 岁赵某（女）担任档案员，假设赵某经培训仍不能胜任档案员工作，建筑公司有权调整赵某岗位。可以安排赵某从事的岗位是（　　）。[单选]
A. 矿井安检员　　　　　　　　　　B. 架子工
C. 油漆工　　　　　　　　　　　　D. 工地收料员（夜班）

30.【刷难点】某单位如下工作安排中，符合《劳动法》劳动保护规定的有（　　）。[多选]
A. 安排女工赵某在经期从事冷水作业　　B. 安排怀孕 6 个月的女工钱某从事夜班工作
C. 批准女工孙某休产假 180 天　　　　　D. 安排 15 岁的周某担任仓库管理员
E. 安排 17 岁的李某担任井下安检员

第四节　工伤保险制度

考点 1　工伤保险的规定

31.【刷重点】根据《工伤保险条例》，不能认定为工伤的情形是（　　）。[单选]
A. 在上班途中遭遇本人负主要责任的交通事故致本人伤害的
B. 患职业病的
C. 因工外出期间，由于工作原因发生事故下落不明的
D. 高空作业摔落损伤的

32.【刷基础】根据《工伤保险条例》，职工因工作遭受事故伤害或者患职业病需要暂停工作接受工伤医疗的，其停工留薪期一般不超过（　　）个月。[单选]
A. 3　　　　B. 6　　　　C. 12　　　　D. 9

33.【刷基础】根据《工伤保险条例》，职工因工致残，应当保留劳动关系，退出工作岗位的伤残等级范围是（　　）伤残。[单选]
A. 9 级至 10 级　　　　　　　　　　B. 7 级至 8 级
C. 5 级至 6 级　　　　　　　　　　　D. 1 级至 4 级

34.【刷难点】在甲县某施工单位工作的李某作业时突然摔伤，经医院诊断为旧伤复发所致，李某自行支付了住院医药费。后李某与施工单位就工伤认定产生纠纷，李某提出劳动能力鉴定申请。依据《工伤保险条例》的规定，下列有关李某劳动能力鉴定的说法，正确的是（　　）。[单选]
A. 李某应向甲县劳动能力鉴定委员会提出劳动能力鉴定申请
B. 甲县所在市的劳动能力鉴定委员会作出的劳动能力鉴定结论为最终结论
C. 李某的父亲不能代表李某提出劳动能力鉴定申请

D. 如李某不服有关部门的鉴定结论，可以再次申请鉴定

35. 【刷难点】某企业员工李某在作业过程中因工负伤，经鉴定为6级劳动功能障碍。依据《工伤保险条例》的规定，下列关于李某工伤保险待遇的说法，正确的是（　　）。[单选]
A. 该企业应按月给李某支付伤残津贴
B. 该企业可单方解除与李某的劳动关系，但应该按月发给李某伤残津贴
C. 李某主动提出与企业解除劳动关系，该企业不得同意解除
D. 李某主动提出与企业解除劳动关系，企业应按标准支付伤残就业补助金和工伤医疗补助金

36. 【刷重点】根据《关于进一步做好建筑业工伤保险工作的意见》，下列关于建筑行业工伤保险的说法，正确的是（　　）。[单选]
A. 建筑施工企业职工应当按项目参加工伤保险
B. 建筑施工企业应当以职工基本工资为基数缴纳工伤保险费
C. 建设单位在工程概算中将工伤保险费单独列支，参与竞标
D. 建设工程开工前由施工总承包单位一次性代缴工伤保险费

考点2　建筑意外伤害保险的规定

37. 【刷基础】《建设工程安全生产管理条例》规定，施工单位应当为（　　）办理意外伤害保险。[单选]
A. 施工现场从事危险作业的人员　　B. 施工现场的所有人员
C. 施工现场从事特殊工种的人员　　D. 施工现场的专职安全管理人员

38. 【刷难点】某工程公司承建写字楼工程，投保了建筑意外伤害保险。该险种承保的范围包括（　　）。[多选]
A. 工程本身受损
B. 施工用设施受损
C. 被保险人从事建筑施工时由于操作不当受伤害致残
D. 被保险人在施工现场被高空坠物砸死
E. 场地清理费

第五节　劳动争议的解决

考点1　劳动争议的调解

39. 【刷基础】下列纠纷中，属于劳动争议范围的是（　　）。[单选]
A. 因工伤医疗费发生的纠纷
B. 劳动者请求社会保险经办机构发放社会保险金的纠纷
C. 劳动者对职业病诊断鉴定结论的异议纠纷
D. 农村承包经营户与受雇人之间的纠纷

40. 【刷基础】某建筑企业的劳动争议仲裁委员会应由（　　）组成。[单选]
A. 企业代表、劳动行政部门的代表、同级工会代表
B. 企业代表、企业的工会代表、劳动行政部门的代表
C. 企业的职工代表、企业代表、企业的工会代表
D. 企业的职工代表、企业代表、劳动行政部门的代表

考点 2 劳动争议仲裁

41. 【刷基础】劳动争议仲裁时间限制为（　　）。[单选]
    A. 6个月　　　　B. 1年　　　　C. 2年　　　　D. 3年

42. 【刷基础】劳动争议当事人对仲裁裁决不服的，可以自收到仲裁裁决（　　）日内向人民法院提起诉讼。[单选]
    A. 7　　　　B. 15　　　　C. 30　　　　D. 60

43. 【刷难点】下列争议中，不属于劳动争议范围的有（　　）。[多选]
    A. 企业职工沈某与某地方劳动保障行政部门工伤认定的争议
    B. 公司股东李某因股息分配产生的争议
    C. 王某与社会保险机构因退休费用产生的争议
    D. 进城务工的黄某与劳务分包公司因工资报酬产生的争议
    E. 孙某与用人单位因住房制度改革产生的公有住房转让纠纷

参考答案

1. C	2. B	3. D	4. AE	5. BDE	6. C
7. B	8. B	9. B	10. C	11. A	12. A
13. C	14. DE	15. BCDE	16. B	17. B	18. ABCD
19. D	20. C	21. A	22. A	23. C	24. B
25. ABCD	26. D	27. ACDE	28. C	29. D	30. BC
31. A	32. C	33. D	34. D	35. D	36. D
37. A	38. CD	39. A	40. A	41. B	42. B
43. ABCE					

- 微信扫码查看本章解析
- 领取更多学习备考资料

考试大纲　考前抢分

学习总结

第十章 建设工程争议解决法律制度

第一节 建设工程争议和解、调解制度

考点1 调解的规定

1. 【刷重点】下列关于人民调解的说法，正确的是（　　）。[单选]
   A. 当事人认为无需制作调解协议的，可以采取口头协议的形式，人民调解员应当记录协议内容
   B. 经人民调解委员会调解达成调解协议的，必须制作调解协议书
   C. 经人民调解委员会调解达成的调解协议具有法律强制力
   D. 调解协议的履行发生争议的，一方当事人可以向人民法院申请强制执行

2. 【刷基础】下列关于行政调解的说法，正确的是（　　）。[单选]
   A. 行政调解属于诉讼内调解
   B. 行政调解达成的协议具有强制约束力
   C. 行政调解应当事人的申请方可启动
   D. 行政机关可以对不属于其职权管辖范围内的纠纷进行调解

3. 【刷难点】根据《民事诉讼法》，下列关于法院调解的调解书的说法，正确的有（　　）。[多选]
   A. 调解书应当写明诉讼请求，调解结果和理由
   B. 调解书由审判员、书记员署名并加盖其印章，送达双方当事人
   C. 法院调解达成协议的，人民法院可以不制作调解书
   D. 能够即时履行的案件，人民法院可以不制作调解书
   E. 调解书经双方当事人签收后，即具有法律效力

4. 【刷重点】下列关于人民法院调解民事案件的说法，正确的有（　　）。[多选]
   A. 人民法院进行调解，只能由审判员一人进行调解
   B. 人民法院只能在双方当事人都同意的情况下进行调解
   C. 调解达成协议，人民法院应当制作调解书
   D. 能够即时履行的案件，人民法院可以不制作调解书
   E. 调解书一经作出，即发生法律效力

考点2 和解的规定

5. 【刷难点】施工单位与物资供应单位因采购的防水材料质量问题发生争议，双方多次协商，但没有达成和解，则关于此争议的处理，下列说法中，正确的是（　　）。[单选]
   A. 双方依仲裁协议申请仲裁后，仍可以和解
   B. 如果双方在申请仲裁后达成了和解协议，该和解协议即具有法律强制执行力
   C. 如果双方通过诉讼方式解决争议，不能再和解
   D. 如果在人民法院执行中，双方当事人达成和解协议，则原判决书终止执行

6. 【刷难点】甲公司根据生效判决书向法院申请强制执行。执行开始后，甲与乙达成和解协议。

和解协议约定：将乙的 80 万元债务减少到 70 万元，乙在协议生效之日起 1 个月内还清。协议生效 1 个月后，乙并未履行协议约定。下列做法中正确的是（　　）。[单选]
A. 甲就乙违反协议的行为，向乙所在地法院提起民事诉讼
B. 由法院执行和解协议
C. 法院依职权恢复原判决的执行
D. 甲向法院申请按照原生效判决书强制执行

7.【刷重点】下列关于和解的说法，正确的有（　　）。[多选]
A. 当事人申请仲裁后，达成和解协议的，可以撤回仲裁申请
B. 和解协议具有强制执行力
C. 民事诉讼第一审普通程序中，当事人达成和解协议的，应继续进行诉讼程序
D. 民事诉讼第二审人民法院审理上诉案件，不适用和解
E. 当事人申请仲裁后，达成和解协议的，可以请求仲裁庭根据和解协议作出裁决书

▶ 考点 3　具有强制执行力的法律文书

8.【刷基础】下列法律文书中，不具有强制执行效力的是（　　）。[单选]
A. 由仲裁机构作出的仲裁调解书
B. 经过司法确认的人民调解委员会作出的调解协议书
C. 由国家行政机关作出的调解书
D. 由人民法院对民事纠纷案件作出的调解书

9.【刷重点】下列关于调解法律效力的说法，正确的有（　　）。[多选]
A. 法院调解书经双方当事人签收后，具有强制执行的法律效力
B. 仲裁调解书经人民法院确认后，即发生法律效力
C. 经人民调解委员调解达成的调解协议具有法律约束力
D. 经调解组织调解达成的调解协议，具有强制执行的法律效力
E. 专业机构调解达成的调解协议具有法律约束力

第二节　仲裁制度

▶ 考点 1　仲裁协议

10.【刷基础】下列关于仲裁协议效力的说法，正确的是（　　）。[单选]
A. 当事人对仲裁协议效力有异议的，可以在仲裁进行中随时提出
B. 如果合同终止，则合同中仲裁条款的效力也终止
C. 当事人对仲裁协议效力有异议的，只能请求仲裁机构作出决定
D. 未约定仲裁机构的仲裁协议无效

11.【刷难点】建设单位与施工单位的合同中约定："双方在履行过程中发生的争议，由双方当事人协商解决；协商不成的，可以向甲、乙仲裁委员会申请仲裁"。后双方发生纠纷，建设单位要求向甲仲裁委员会申请仲裁，施工单位要求向乙仲裁委员会申请仲裁，双方争执不下。下列关于纠纷解决方式选择的说法，正确的是（　　）。[单选]
A. 只能向有管辖权的人民法院起诉
B. 只能向不动产所在地的仲裁委员会申请仲裁
C. 应由甲仲裁委员会进行仲裁
D. 建设单位与施工单位选择的仲裁委员会谁先收到仲裁申请，就由谁进行仲裁

12. 【刷难点】甲与乙因施工合同纠纷诉至人民法院。在法庭调查时，乙出示了双方订立的有效仲裁协议，此时人民法院应当（　　）。[单选]
    A. 驳回起诉　　　　　　　　　　　　B. 继续审理
    C. 终止审理　　　　　　　　　　　　D. 将案件移交合同约定的仲裁机构

13. 【刷重点】下列关于仲裁协议效力的确认的说法，正确的是（　　）。[单选]
    A. 当事人对仲裁协议效力有异议的，应当在仲裁案件裁决作出前提出
    B. 当事人既可以请求仲裁委员会作出决定，也可以请求人民法院裁定
    C. 一方请求仲裁委员会作出决定，另一方请求人民法院作出裁定的，由仲裁委员会裁定
    D. 当事人向人民法院申请确认仲裁协议效力的案件，只能由仲裁机构所在地的中级人民法院管辖

14. 【刷难点】甲建设单位与乙施工企业在施工合同中约定因合同所发生的争议，提交A仲裁委员会仲裁。后双方对仲裁协议的效力有异议，甲请求A仲裁委员会作出决定，但乙请求人民法院作出裁定，该案中有权对仲裁协议效力进行确认的是（　　）。[单选]
    A. A仲裁委员会所在地的基层人民法院　　　B. 仲裁协议签订地的中级人民法院
    C. 仲裁协议签订地的基层人民法院　　　　　D. 合同签订地的中级人民法院裁定

15. 【刷基础】有效仲裁协议必须同时具备的内容有（　　）。[多选]
    A. 仲裁地点　　　　　　　　　　　　B. 请求仲裁的意思表示
    C. 仲裁事项　　　　　　　　　　　　D. 选定的仲裁委员会
    E. 仲裁庭组成

16. 【刷重点】下列关于仲裁协议效力的说法，正确的有（　　）。[多选]
    A. 合同无效，仲裁协议亦无效
    B. 仲裁协议有效，当事人也可以向法院提起诉讼
    C. 仲裁委员会有权裁决超出仲裁协议约定范围的争议
    D. 有效仲裁协议排除法院的司法管辖权
    E. 有效的仲裁协议对双方当事人均有约束力

▶ 考点2 仲裁庭的组成

17. 【刷基础】根据《仲裁法》，下列关于仲裁庭组成的说法，正确的是（　　）。[单选]
    A. 首席仲裁员可以由双方当事人共同选定　　B. 仲裁庭应当由3名仲裁员组成
    C. 仲裁庭的组成情况不向当事人公开　　　　D. 仲裁庭一经组成，成员不得更换

▶ 考点3 开庭和审理

18. 【刷重点】下列关于仲裁开庭的说法，正确的是（　　）。[单选]
    A. 仲裁应当开庭进行，当事人也可以协议不开庭
    B. 仲裁应当不开庭进行，当事人也可以协议开庭
    C. 仲裁不公开进行，当事人协议公开的必须公开
    D. 仲裁公开进行，当事人可以协议不公开

19. 【刷重点】下列关于仲裁开庭和审理的说法，正确的是（　　）。[单选]
    A. 仲裁开庭审理必须经当事人达成一致　　　B. 仲裁审理案件应当公开进行
    C. 当事人可以协议仲裁不开庭审理　　　　　D. 仲裁庭不能做出缺席裁决

考点 4　仲裁和解与调解

20. 【基础】下列关于仲裁调解的说法，正确的是（　　）。[单选]
    A. 仲裁庭在作出裁决前应当先行调解
    B. 在调解书签收前，当事人反悔的，仲裁庭应当及时作出裁决
    C. 法院在强制执行仲裁裁决时，应当进行调解
    D. 调解书经双方当事人签收后，若当事人反悔的调解书不具有法律效力

21. 【重点】仲裁案件当事人申请仲裁后自行达成和解协议的，可以（　　）。[多选]
    A. 请求仲裁庭根据和解协议制作调解书
    B. 请求仲裁庭根据和解协议制作裁决书
    C. 撤回仲裁申请书
    D. 请求强制执行
    E. 请求法院判决

考点 5　仲裁裁决

22. 【难点】甲、乙因合同纠纷申请仲裁。甲、乙各选定一名仲裁员，第三名仲裁员由甲、乙共同选定。仲裁庭合议时产生了三种不同意见，仲裁庭应当（　　）作出裁决。[单选]
    A. 提请仲裁委员会主任
    B. 按首席仲裁员的意见
    C. 提请仲裁委员会
    D. 按多数仲裁员的意见

23. 【难点】某工程质量纠纷由合议仲裁庭审理，在赔偿数额上仲裁员意见不一致，首席仲裁员甲认为施工单位应向建设单位赔偿 20 万元，另两名仲裁员乙、丙都认为应赔偿 30 万元，则仲裁庭应按（　　）意见作出。[单选]
    A. 甲
    B. 乙、丙
    C. 仲裁委员会主任
    D. 首席仲裁员和仲裁委员会主任

24. 【重点】下列关于仲裁裁决的说法，正确的有（　　）。[多选]
    A. 仲裁裁判应当根据仲裁员的意见作出，不能形成多数意见的，由仲裁委员会讨论决定
    B. 仲裁裁决没有强制执行力
    C. 当事人可以请求仲裁庭根据双方的和解协议作出裁决
    D. 仲裁实行一裁终局，当事人不可以就已经裁决的事项再次申请仲裁
    E. 仲裁裁决一经作出立即发生法律效力

25. 【重点】根据《仲裁法》，下列关于仲裁的说法，正确的有（　　）。[多选]
    A. 仲裁机构受理案件的依据是司法行政主管部门的授权
    B. 劳动争议仲裁不属于《仲裁法》的调整范围
    C. 当事人达成有效仲裁协议后，人民法院仍然对案件享有管辖权
    D. 仲裁不公开进行
    E. 仲裁裁决作出后，当事人不服的可以向人民法院起诉

考点 6　仲裁裁决的执行

26. 【难点】根据《仲裁法》，下列关于仲裁裁决强制执行的说法，正确的是（　　）。[单选]
    A. 当事人申请执行仲裁裁决案件，应当由被执行人财产所在地基层人民法院管辖

B. 仲裁裁决书未规定履行期间的，申请仲裁裁决强制执行的期限，从仲裁裁决书生效之日起计算
C. 仲裁委员会根据需要可以设立仲裁裁决执行机构
D. 申请仲裁裁决强制执行的期间为1年

27. 【刷重点】下列情形中，属于人民法院对仲裁裁决裁定不予执行的是（　　）。[单选]
    A. 对仲裁裁决持不同意见的仲裁员没有在裁决书上签名的
    B. 仲裁庭的组成违反法定程序的
    C. 合同中没有仲裁条款，争议发生后当事人才达成书面仲裁协议的
    D. 有仲裁条款的合同被人民法院确认无效的

第三节　民事诉讼制度

考点1　民事诉讼的法院管辖

28. 【刷基础】根据《民事诉讼法》及司法解释，因建设工程施工合同纠纷提起诉讼的管辖法院为（　　）。[单选]
    A. 工程所在地法院　　　　　　　　B. 被告所在地法院
    C. 原告所在地法院　　　　　　　　D. 合同签订地法院

29. 【刷重点】下列关于诉讼管辖的表述，正确的是（　　）。[单选]
    A. 所有第一审民事案件均应当由基层人民法院管辖
    B. 建设工程施工合同纠纷可以由不动产所在地人民法院管辖
    C. 受移送人民法院认为移送的案件不属于本院管辖的，可继续移送有管辖权的人民法院
    D. 房屋买卖纠纷不实行"原告就被告"原则

30. 【刷基础】按照诉讼的地域管辖规定，因合同纠纷提起的诉讼，可由（　　）的人民法院管辖。[单选]
    A. 被告亲属所在地　　　　　　　　B. 被告住所地
    C. 原告住所地　　　　　　　　　　D. 合同签订地

31. 【刷基础】当事人对法院管辖权有异议的，应当在（　　）提出。[单选]
    A. 第一次开庭时　　　　　　　　　B. 法庭辩论终结前
    C. 第一审判决作出前　　　　　　　D. 提交答辩状期间

32. 【刷重点】关于民事诉讼中的级别管辖，下列说法正确的有（　　）。[多选]
    A. 级别管辖，是划分同级法院受理第一审民事案件的分工和权限
    B. 诉讼审判程序为两级终审，因此我国法院也只有两级
    C. 最高人民法院为终审法院，因此只受理二审案件
    D. 争议标的金额的大小，往往是确定级别管辖的重要依据
    E. 只有第一审民事案件才涉及级别管辖的问题

33. 【刷基础】建设工程材料买卖合同纠纷的当事人可根据《民事诉讼法》的规定，协议选择（　　）法院管辖。[多选]
    A. 被告住所地　　　　　　　　　　B. 原告住所地
    C. 合同签订地　　　　　　　　　　D. 施工行为地
    E. 合同变更地

34. 【刷难点】两个人民法院之间因管辖权发生争议，正确的处理方法有（   ）。[多选]
   A. 由双方协商解决
   B. 由最先受理的法院管辖
   C. 由最先收到起诉状的法院管辖
   D. 报请双方共同的上级法院指定管辖
   E. 根据当事人的选择确定

考点 2　民事诉讼的当事人与代理人

35. 【刷基础】根据《民事诉讼法》，以下不属于民事诉讼当事人的是（   ）。[单选]
   A. 原告、被告
   B. 共同诉讼人
   C. 无独立请求权的第三人
   D. 诉讼代理人

36. 【刷难点】郑某因与某公司发生合同纠纷，委托马律师全权代理诉讼，但未作具体的授权。此种情况下，马律师在诉讼中有权实施的行为是（   ）。[单选]
   A. 提出管辖权异议
   B. 提起反诉
   C. 提起上诉
   D. 部分变更诉讼请求

37. 【刷基础】非经特别授权，诉讼代理人不得（   ）。[单选]
   A. 申请法官回避
   B. 申请证人出庭
   C. 申请证据保全
   D. 申请变更诉讼请求

38. 【刷难点】施工企业向某律师出具的民事诉讼授权委托书中仅写明代理权限是"全权代理"。下列与诉讼有关的行为中，该律师享有代理权的是（   ）。[单选]
   A. 放弃诉讼请求
   B. 与对方当时进行和解
   C. 提起上诉
   D. 提供证据

39. 【刷基础】诉讼代理人是代理当事人进行民事诉讼活动的人，下列能够作为诉讼代理人的有（   ）。[多选]
   A. 律师
   B. 法官
   C. 限制民事行为能力人
   D. 当事人的近亲属
   E. 社会团体推荐的人

考点 3　民事诉讼证据

40. 【刷基础】建设单位以工程质量不合格为由，拒绝支付工程款，施工单位诉至法院。建设单位向人民法院提交的下列资料中，不属于证据的是（   ）。[单选]
   A. 工程质量检测机构出具的鉴定报告
   B. 建设单位职工的书面证明材料
   C. 建设单位与施工单位签订的施工合同
   D. 建设单位提交的答辩状

41. 【刷基础】下列关于证据的说法，正确的是（   ）。[单选]
   A. 复印件不能作为认定案件事实的依据
   B. 经人民法院通知，鉴定人拒不出庭作证的，鉴定意见不得作为认定事实的根据
   C. 笔迹鉴定属于物证
   D. 当事人于己有利的陈述不属于证据

42. 【刷重点】下列当事人提出的证据中，可以单独作为认定案件事实的有（   ）。[多选]
   A. 与一方当事人或者其代理人有利害关系的证人出具的证言
   B. 与书证原件核对无误的复印件
   C. 无法与原件、原物核对的复印件、复制品

D. 有其他证据佐证并以合法手段取得的、无疑点的视听资料
E. 当事人的陈述

考点 4 民事诉讼时效

43. 【刷重点】下列关于民事诉讼时效的说法，正确的是（ ）。[单选]
   A. 诉讼时效期间届满后，权利人不得进行诉讼
   B. 当事人可以预先放弃对诉讼时效利益
   C. 诉讼时效期间届满后，义务人已经自愿履行的，可以请求返还
   D. 人民法院不得主动适用诉讼时效的规定

44. 【刷重点】对下列债权请求权提出诉讼时效抗辩，人民法院应当予以支持的是（ ）。[单选]
   A. 支付存款本金及利息请求权
   B. 向不特定对象发行的企业债券本息请求权
   C. 已转让债券的本息请求权
   D. 基于投资关系产生的缴付出资请求权

45. 【刷难点】2020年6月1日，分包商乙存放在总包甲料场中的材料因料场失火而毁损。乙于2020年10月15日向甲要求赔偿损失，甲未予理睬。此后乙为了顾全合作再未提及此事，直到2022年3月15日乙办理竣工结算时再次要求甲赔偿损失，甲辩称已经超过了诉讼时效。根据《民法典》，本案实际诉讼时效期间应当在（ ）届满。[单选]
   A. 2023年10月15日
   B. 2023年6月1日
   C. 2022年10月15日
   D. 2025年3月15日

考点 5 民事诉讼的审判程序

46. 【刷基础】下列关于民事诉讼上诉的说法，正确的是（ ）。[单选]
   A. 上诉期为10日
   B. 上诉时应当递交上诉书
   C. 上诉状应当向第二审人民法院提出
   D. 当事人向原审人民法院上诉的，原审法院应当受理

47. 【刷重点】甲诉乙建设工程施工合同纠纷一案，人民法院立案审理。在庭审中，甲方未经法庭许可中途退庭，则人民法院对该起诉讼案件（ ）。[单选]
   A. 移送二审法院裁决　　B. 按撤诉处理　　C. 按缺席判决　　D. 进入再审程序

48. 【刷难点】人民法院2月1日作出第一审民事判决，判决书2月5日送达原告，2月10日送达被告，当事人双方均未提出上诉，该判决书生效之日是2月（ ）日。[单选]
   A. 1
   B. 5
   C. 10
   D. 26

49. 【刷基础】建设单位因监理单位未按监理合同履行义务而受到损失，欲提起诉讼，则必须满足的条件有（ ）。[多选]
   A. 有具体的诉讼请求
   B. 有事实和理由
   C. 有充分的证据
   D. 没有超过诉讼时效期间
   E. 属于受诉法院管辖

50. 【刷重点】根据《民事诉讼法》，下列关于民事诉讼中一审民事诉讼程序的说法，正确的有（ ）。[多选]
   A. 一审民事诉讼程序包括普通程序和简易程序

B. 适用普通程序审理的案件，应当在立案之日起3个月内审结
C. 起诉方式必须以书面形式起诉
D. 人民法院对公开审理或者不公开审理的案件，一律公开宣告判决
E. 离婚案件、个人隐私、涉及商业秘密的案件，当事人可以申请不公开审理

考点6 民事诉讼的执行程序

51.【基础】发生法律效力的民事判决、裁定，当事人可以向人民法院申请执行，该人民法院应当是（　　）。[单选]
A. 终审人民法院
B. 申请执行人住所地人民法院
C. 被执行的财产所在地基层人民法院
D. 与第一审人民法院同级的被执行的财产所在地人民法院

52.【难点】法院终审判决甲公司拖欠其工程款及利息，甲到期没有付款，乙申请法院执行。在执行过程中，甲、乙双方达成分期付款协议，但甲没有履行该协议。下列关于执行的说法，正确的是（　　）。[单选]
A. 乙应当向法院另行起诉
B. 乙可以申请法院恢复执行
C. 该执行已经终结
D. 乙可以提起审判监督程序

53.【重点】根据《民事诉讼法》，下列属于人民法院应当裁定终结执行情形的有（　　）。[多选]
A. 据以执行的法律文书被撤销的
B. 申请人撤销申请的
C. 案外人对执行标的提出确有理由的异议
D. 追索赡养费、扶养费、抚育费案件的权利人死亡的
E. 被执行人确无财产可供执行

第四节 行政复议制度

考点 行政复议的范围和受理

54.【基础】根据《行政复议法》，下列属于不可申请行政复议的情形是（　　）。[单选]
A. 对建设主管部门责令施工企业停止施工的决定不服的
B. 对建设主管部门撤销施工企业资质证书的决定不服的
C. 对规划行政主管部门撤销建设工程规划许可证的决定不服的
D. 对建设行政主管部门就建设工程合同争议进行的调解结果不服的

55.【重点】行政机关作出的下列决定中，当事人不能申请行政复议的是（　　）。[单选]
A. 行政处分或者其他人事处理决定
B. 限制人身自由的行政强制措施决定
C. 罚款、没收非法财物等行政处罚决定
D. 有关许可证、执照等证书变更、中止、撤销的决定

56.【难点】施工企业对H市甲县环保局作出的罚款行为不服，可以向下列行政机关提起行政复议的有（　　）。[多选]
A. H市环保局
B. H市人民政府
C. 甲县环保局
D. 甲县人大常委会

E. 甲县人民政府

57. 【刷难点】材料供应商张某对工商局违法扣押其货物提起行政复议，在复议期间，工商局的具体行政行为可以继续执行，但有下列情形（　　）之一的，可以停止执行。[多选]
A. 张某申请停止执行，复议机关认为合理，决定停止执行
B. 工商局将扣押改为查封
C. 工商局认为需要停止执行
D. 行政复议机关认为需要停止执行
E. 张某提起行政诉讼

第五节　行政诉讼制度

考点1　行政诉讼受案范围

58. 【刷重点】公民、法人或者其他组织提起的下列诉讼中，属于行政诉讼受案范围的有（　　）。[多选]
A. 认为行政机关滥用行政权力排除或者限制竞争的
B. 认为行政机关不依法履行政府特许经营协议的
C. 对行政机关的行政指导行为不服的
D. 申请行政机关履行保护人身权的法定职责，行政机关拒绝履行的
E. 对行政机关针对信访事项作出的复核意见不服时

59. 【刷重点】下列不属于人民法院行政诉讼受理范围的有（　　）。[多选]
A. 行政机关针对信访事项作出的登记、受理、交办、转送、复查、复核意见等行为
B. 驳回当事人对行政行为提起申诉的重复处理行为
C. 认为行政机关滥用行政权力排除或者限制竞争的
D. 调解行为以及法律规定的仲裁行为
E. 认为行政机关滥用行政权力排除或者限制竞争的

考点2　行政案件的审理程序

60. 【刷基础】人民法院判决撤销或者部分撤销，并可以判决被告重新作出行政行为的情形是（　　）。[单选]
A. 证据不足
B. 适用法律、法规不准确
C. 违反法定程序
D. 事实不清

参考答案

1. A	2. C	3. DE	4. BCD	5. A	6. D
7. AE	8. C	9. ACE	10. D	11. A	12. A
13. B	14. B	15. BCD	16. DE	17. A	18. A
19. C	20. B	21. BC	22. B	23. B	24. CDE
25. BD	26. B	27. B	28. A	29. D	30. B
31. D	32. DE	33. ABCD	34. AD	35. D	36. A
37. D	38. D	39. AD	40. D	41. B	42. BD
43. D	44. C	45. D	46. B	47. B	48. D
49. ABE	50. AD	51. D	52. B	53. ABD	54. D
55. A	56. AE	57. ACD	58. ABD	59. ABD	60. C

- 微信扫码查看本章解析
- 领取更多学习备考资料

考试大纲　　考前抢分

学习总结

亲爱的读者：

如果您对本书有任何感受、建议、纠错，都可以告诉我们。

我们会精益求精，为您提供更好的产品和服务。

祝您顺利通过考试！

扫码参与问卷调查

环球网校建造师考试研究院